這才是數學

MEASUREMENT

從**不知道**到**想知道**的探索之旅

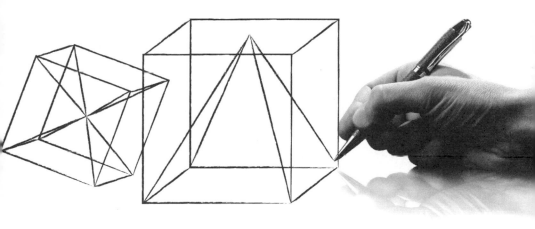

《一個數學家的嘆息》作者

PAUL LOCKHART

保羅・拉克哈特｜著

畢馨云｜譯

自由學習 5

這才是數學：從不知道到想知道的探索之旅

作　　　者	保羅·拉克哈特（Paul Lockhart）
譯　　　者	畢馨云
責 任 編 輯	林博華
行 銷 業 務	劉順眾、顏宏紋、李君宜

總　編　輯	林博華
發　行　人	涂玉雲
出　　　版	經濟新潮社
	104台北市中山區民生東路二段141號5樓
	電話：（02）2500-7696　傳真：（02）2500-1955
	經濟新潮社部落格：http://ecocite.pixnet.net
發　　　行	英屬蓋曼群島商家庭傳媒股份有限公司城邦分公司
	104台北市中山區民生東路二段141號11樓
	客服服務專線：02-25007718；25007719
	24小時傳真專線：02-25001990；25001991
	服務時間：週一至週五上午09:30~12:00；下午13:30~17:00
	劃撥帳號：19863813　戶名：書虫股份有限公司
	讀者服務信箱：service@readingclub.com.tw
香港發行所	城邦（香港）出版集團有限公司
	香港灣仔駱克道193號東超商業中心1樓
	電話：852-25086231　傳真：852-25789337
	E-mail: hkcite@biznetvigator.com
馬新發行所	城邦（馬新）出版集團 Cite (M) Sdn Bhd
	41, Jalan Radin Anum, Bandar Baru Sri Petaling,
	57000 Kuala Lumpur, Malaysia.
	電話：603-90578822　傳真：603-90576622
	E-mail: cite@cite.com.my
印　　　刷	一展彩色製版有限公司
初 版 一 刷	2015年3月10日
初 版 15 刷	2019年9月18日

城邦讀書花園
www.cite.com.tw

ISBN：978-986-6031-66-3　　　　　　　版權所有·翻印必究

售價：400元　　　　　　　　　　　　　Printed in Taiwan

〈出版緣起〉

自由學習，讓人生更美好

經濟新潮社編輯部

經濟新潮社成立至今已經十二個年頭。本著「以人為本位，在商業性、全球化的世界中生活」的宗旨，我們出版了許多經營管理、經濟趨勢相關的書籍。

然而，近年來台灣的變化很大。

社會的既有制度規範，與人們的需求與期望產生落差；民間自主力量的崛起，加上網路科技的進步，媒體、文化、消費的生態已大不相同了；而企業界大多在轉型的壓力下掙扎，暴露出從基礎能力到尖端創新的不足。

金融海嘯的影響所及，也暴露出資本主義的缺陷。人們開始更關心工作與生活的意義、他人的處境、或是制度的合理性。

有些事，應該要超越商業、實用性的思考。

我們成立「**自由學習**」這個書系，是希望回到原點——在商業、實用之外，學習應該是自主的、自由的，閱讀可以是愉

悅的、無目的性的、跨界的。不論我們生活在何種文化，從事何種領域的工作，我們都擁有自由，透過書，可以看到不同領域的東西、理解他人、反省人與人的關係；也可以反思做人的根本、作育下一代的基礎；也獲得再生的能量，更新自己的想法。

就從一些基本的東西開始吧。找回人的本質、生存的意義，或是享受純粹的知識樂趣或閱讀快感，應該是比商業更重要的事。透過自由的學習、跨界的思考，讓我們的人生更圓滿，邁向一個互相理解、共生的社會。也許長路迢迢，但是希望能在往後的出版過程中實踐。

目　次

〔推薦序〕

從「測量」看數學與數學之美

游森棚

任教於國立台灣師範大學與空軍官校

測量是人類的本能：到那棵樹有多遠？有幾頭獅子？我有多高多胖？測量也是人類的挑戰：那個池塘面積有多大？海岸線有多長？下一次的日蝕是什麼時候？

讀者手上的這本書《這才是數學》，原文的書名就是「測量」（Measurement）。這本書用「測量」為經，帶領讀者穿越時光隧道，縱覽了從古希臘時代開始，一路到微積分的數學。

這本書的作者 Paul Lockhart 曾是幾何學家，寫過幾篇相當好的學術論文，並且曾在名校布朗大學任教。2000 年起他離開學術界，到紐約布魯克林的 Saint Ann's 中學教書。他感嘆美國中小學的數學教學現場光怪陸離，根本摧毀了學生對數學的熱情與想像力，於是寫下了一份手稿「一位數學家的嘆息」（A Mathematician's Lament），這份有名的手稿先在數學圈中流

傳，而後於 2009 年出版。這本《Measurement》是他最新的，也是談數學與數學教育的科普書籍。

這是一本相當特別的數學科普書。不少數學科普書籍因為讀者程度的設定，常常花大量的時間在打轉：或者編造數學問題的情境；或者鋪陳數學家的生平，怪癖，或軼事。但是這些故事通常和「數學」本身沒有關係。這本書不然。作者非常明白地告訴讀者，他只談數學：數學的發現，數學的內容，數學為何美麗。

作者開宗明義說，數學世界只存在於心智中，點就是一個點，線就是一條完美的線，圓就是一個完美的圓，不像現實世界充滿了近似值。在這個世界中，你可以盡情玩耍，觀察後發現一些現象，然後做出猜測，然後證明，這一路的過程正是數學迷人的原因。更神奇的是，一旦論證是對的，所有的發現就是斬釘截鐵，就變成絕對正確的真理：三角形的三條中線就是會交於一點，直角三角形的兩短邊的平方和就剛好等於斜邊的平方和。作者雖未言說，但這正是柏拉圖的思想：在理型世界中，各種關係是永恆不變的，是絕對的真理。

作者帶領我們從簡單的形狀開始測量，線段的長度，三角形的角度和，多邊形與多面體。為了測量正方形的對角線就出現了無理數。為了測量圓周長出現了超越數。接著是面積、體積，開始有代數、三角、圓錐曲線和射影幾何。把曲線看成是

質點的運動軌跡，就出現了函數、速度、微分、積分。最終停在指數與對數。

數學的發展一日千里，當代數學百家爭鳴，不僅有抽象數學的理論高度，更有應用數學的興起，與跨領域的整合。本書的題材從規則形狀的測量一路談到微積分，取材相當豐富，卻也是相當古典的，事實上，這離當代的數學的研究對象已經非常遙遠了。但是正因為這些是古典題材，更足以讓我們依循著古人的發現腳步，一窺數學的堂奧。但本書不掉書袋，娓娓道來，雖沒有太多人名和歷史故事，實際上卻橫跨了數學史數千年的發展，份量已經足以開一門數學史的課程了。

我極佩服作者能夠信手拈來，用非常直觀的方法把許多概念講得清清楚楚，用簡單的例子說明重要概念是怎麼成形的，以及一些根本的結果為什麼會是對的。比如說：怎麼對小學生解釋為什麼三角形的面積剛好是底乘以高的一半；怎麼對國中生解釋圓的面積是圓周率乘以半徑的平方；為什麼圓、橢圓、拋物線、雙曲線在射影之下是同一件事；微分公式是怎麼來的。有好多個結果解釋得非常漂亮，我自己都眼睛一亮。

作者堅持只談數學本身，這也是不少數學家面對數學教育的堅持，輔助的教學方法不能反客為主。此外，正如同欣賞音樂或文學要先能理解音樂或文學的語言：要能欣賞數學，也需要理解數學的語言，否則終究是碰不到核心。作者期待讀者也

一起「動手做」，才能體會由發現到證明的數學之美，於是文中穿插了許多有趣的習題（有些還不太容易）。以上這些，對於讀者都是不小的挑戰。

但無論如何，作者努力向我們傳達他的信念：數學是來自於觀察、發現、證明的心智活動，它的美麗來自自身，來自過程中滿溢的想像與創造，以及對簡單真理的渴望。

數學是科學的根本，牽涉到邏輯思考、抽象力、想像力、觀察與創造或審美等等最基本重要的素養。但是台灣的教學現場上，教師常常急著呈現結果，而忘了帶領學生探索概念的形成，以及體會發現的樂趣。不少學生以為數學就是背公式解類似題，完全無法體會有何樂趣可言。更糟糕的是這就磨掉了觀察力與創造力，以及主動探索的能力——這真是令人遺憾的事。希望這本書的出版，能帶給第一線的數學教師們一些鼓舞與啟示。

〔推薦序〕

去掉條條框框，看見數學的本質

洪萬生
國立台灣師範大學數學系退休教授

何謂數學？保羅‧拉克哈特現身說法，利用本書《這才是數學》來解說他的答案：數學是一門研究模式的科學（science of pattern）。

不過，想要回答此一問題，我們也可以簡短回顧這種知識活動的歷史軌跡。考察古埃及、巴比倫乃至中國的數學的發展歷程，到公元前 500 年左右，所謂數學是指與數目相關的一種學問。以中國漢代數學經典《九章算術》為例，數學所指涉的活動幾乎都以「算術」為主。顯然，它的內容以實用為依歸，至於方法則依循「食譜」的特色：「對一個數目這樣做、那樣做，那麼，你將會得到答案。」

從大約公元前 500 年到公元 300 年間，是希臘數學的輝煌時期。古希臘的數學家主要關心幾何學，而且訴諸於嚴密推理

與形式證明，以建立牢固的數學知識結構。因此，對於古希臘人而言，除了研究數目之外，數學主要是有關形狀的一門學問。

儘管如此，到十七世紀為止，數學大都侷限於計算、度量和形狀之描述的靜態問題。相對地，牛頓與萊布尼茲在各自獨立發明的微積分這一門學問中，引進處理運動和變化的方法之後，數學家終於可以研究行星的運行、地球的落體運動、液體的流動、氣體的擴散、電力和磁力、飛行，乃至於動植物的生長等等自然現象。因此，在這兩位發明微積分的偉大數學家之後，數學變成了研究數目、形狀、運動、變化以及空間的一門學問。

不過，大約十八世紀中葉之後，有感於微積分的無遠弗屆威力，數學家著手瞭解其背後的原因究竟，從而對數學知識本身產生了遞增的興趣。於是，古希臘形式證明的傳統，捲土重來掌握了優勢。因此，到了十九世紀末為止，數學已經成為有關數目、形狀、運動、變化、空間、以及研究數學的工具的一門學問了。

在最近的四十年間，數學家對於「何謂數學」之說法，則一如前述：數學是研究模式的一門科學。誠如拉克哈特指出，數學家的職責就是探索或檢視抽象的模式。這些模式可以是真實存在或想像的、視覺性或心智性的、靜態或動態的、定性或

定量的、純粹功利或有點超乎娛樂趣味的。它們可以源自我們的周遭世界，或者源自心靈的內部運作。不同種類的模式當然引出不同的數學分支，譬如說吧，幾何學研究形狀的模式；微積分允許我們處理運動的模式。而這兩種模式，正是拉克哈特在本書中現身說法之主要依據。

針對幾何學研究，拉克哈特強調它「與其說是關於形狀本身，不如說是關於定義形狀的遣詞用字模式（vocal pattern）。幾何的中心問題，是抓住這些模式並做出量度——這些數本身，也必須具有遣詞用字模式。」至於在本書下篇中，作者引進微（積）分方法，部分原因顯然出自對比（量度）方法論的考量。請看拉克哈特如何說明：「我總是喜歡拿古代研究幾何量度的方式，來和近代的研究方式比較一下。希臘古典想法是把量度按住，然後做分割；十七世紀的方法則是任它四處跑，觀察它的變化。」儘管如此，他在說明如何「量度」圓面積時，還是指出古典方法（如窮盡法）的深刻動人：「我們做的近似值並不只是少少幾個，而是無窮多個。我們其實做了一連串無止境的近似值，一次比一次接近，而從這些近似值可以看出一種模式，告訴我們最終會趨向什麼結果。換句話說，透露出某種模式的無窮多個『謊言』（lies），竟能告訴我們真理。」

對於拉克哈特來說，模式之為用大矣！在說明餘弦定律針對銳角、直角與鈍角三角形都有效時，拉克哈特強調：「要讓模式來決定我們對於意義的選擇。數學這門學問就是圍繞這個

主題；我們甚至可以說，這是這門藝術的本質——聽從模式，來調整自己的定義和直觀。」

　　我希望上述簡短的說明及引述，多少可以傳達我如何喜愛這一本數學普及著作。事實上，作者罕見的敘事功力，讓本書處處洋溢著極其睿智的洞識，譬如在說明餘弦定律的意義時，拉克哈特就指出：「這個公式告訴我們一件事：角度與長度彼此沒有直接關係；角度必須透過餘弦，來間接傳遞訊息。就好像角度需要一位裝扮成餘弦的律師，代替它們去和長度打交道。角度與長度身處不同的世界，說著不同的語言。正弦和餘弦擔任字典的角色，把角度的語言轉換成長度的語言。」我想一般的數學老師大概都能說出上引文字上半部分的含意，但是，下半部分的比喻，恐怕就不那麼容易想得到了。

　　其實，拉克哈特針對證明 vs. 敘事，也有著十分精彩的比喻：「數學證明就像在說故事。題目中的元素就是人物角色，故事情節則由你決定。」這是因為「就像任何一篇文學小說，我們的目標是寫出在陳述上令人信服的故事。」而「在數學上，這表示情節不僅要合乎邏輯，還必須簡明而優雅。沒有人喜歡看拐彎抹角又複雜的證明。我們當然想看到理性的思路，但也希望感受到美的震懾。一個證明應該兼顧美感與邏輯。」

　　總之，本書一如作者稍早出版的《一位數學家的嘆息》，十分坦誠且帶有強烈的個人風格。然而，對比前書的教育改革

之基進主張，本書完全著重在數學探險之旅的驚喜與樂趣。儘管作者所舉的案例都取自古典數學（尤其是古希臘幾何學），不過，其論述之直指核心，以及敘事之詩意想像，都讓本書成為中學數學普及讀物的上上之選。因此，我要向大學數學通識師生與中學數學師生鄭重推薦本書，當你有機會閱讀本書時，你一定會發現：原來數學可以這樣學習！至於一般讀者呢，接觸本書一定可以體會：你在過往的數學知識活動中，究竟錯過了什麼！

真實與想像

　　現實世界有很多種。其中一種，當然是我們身處的實體世界。再來就是那些和實體世界非常類似的想像世界，譬如那個「一切如常而且我五年級那年並沒有尿在褲子上」的世界，或是「同車黑髮正妹轉頭跟我交談，最後我們墜入愛河」的那個世界。相信我，這種想像中的現實世界有一大堆，但這些與我的主題無關。

　　我想談一種完全不同的世界，我準備稱呼它「**數學實在**」（mathematical reality）。我的心智可以看到一種世界，美麗的幾何形狀與模式翱翔其間，做出讓我驚嘆的有趣行徑。這個世界很讚，我真的很喜歡。

　　問題是，**實體世界是個災難**。它人複雜，一切事物都不像表面上那樣。物體熱脹冷縮，原子不時飛舞。尤其是，沒有哪樣東西可以真正測量得出來。我們不知道一根草的精確長度。這個宇宙中的任何一個量測值，必定都是近似值。這沒什麼不好，宇宙的本質就是如此。在這裡，最小的斑點不是點，最細的絲線也不是線。

　　至於數學實在，則是一種假想的世界，我可以隨自己高興，把它想像成簡單又美好。我可以擁有現實生活裡不可能擁有的完美事物。我手裡不可能握著一個圓，但腦袋裡可以，甚

至還能度量這個圓。數學實在,是我自創出來的美麗境地,我可以去探訪、思索,與朋友一起討論。

大家之所以對實體世界感興趣,有很多理由。天文學、生物學、化學和其他領域的專家,一直在設法了解這個宇宙的運作,試圖描述它。

我則是想描述數學實在,想做出模式,搞清楚這些模式如何運作。這正是像我這樣的數學家努力做的事。

重點是,我要設法兼顧實體世界與數學實在,因為兩者都充滿了美和樂趣(也令人敬畏三分)。實體世界很重要,因為我身處其中,數學實在也很重要,因為就存在我腦袋裡。我這輩子就在設法同時擁有這兩樣美好的東西,你也一樣。

我寫這本書的構想,是要設計出各種模式。我們會做出幾何形狀與運動的模式,然後試著理解並度量這些模式。最後我們將看到美麗的東西!

但我也不想騙你:這不會是輕鬆愉快的任務。數學實在,是無邊無際的叢林,藏滿迷人的奧祕,不輕易讓人看見。你要有奮戰的心理準備,這會是一場知性與創造性的奮戰。說老實話,我不知道還有哪一項知識活動,這麼需要想像力、直覺和創造力。但我還是選擇了它,因為太喜歡而難以自拔。這片叢林讓人魂牽夢縈,一旦踏進去過,你就永遠忘不掉。

所以,我要邀你參與一場值回票價的冒險!我當然期望你也會愛上這片叢林,為它的魔力折服。我企圖在這本書傳達數學給我的感受,向你展示幾個最美、最令人興奮的數學發現。

你不會看到注腳、參考出處之類的學術附注。這是**我**個人的表述。我只希望自己能設法用容易理解且又有趣的方式,傳遞這些有深度的迷人概念。

不過,這會是一趟緩慢的旅程。我並不想一路呵護你,不讓你接受真理的考驗,我也不打算為你可能面對的困境表示歉意。遇到新的概念,不妨就花幾小時甚至幾天來沉澱——有的概念起初可能歷經幾百年,才讓人接受呢。

我假定你熱愛美的事物,願意花心力理解。這趟旅程中,你需要具備的只有常識和好奇心。請放輕鬆!藝術是供人享受的,而這本書就在談藝術。數學不是賽跑或競賽,而是跟自己的想像力玩耍。希望你玩得開心!

漫談數學問題

何謂數學問題？對數學家而言，問題就是一種試探——去檢驗數學實在，看看它做出什麼行為。就好像「拿棍子戳一下」，看會發生什麼事。我們看到了數學實在的一小角，可能是幾何形狀的排列方式，或是數字模式之類的，想要進一步了解它背後的運作，於是我們戳它一下——只不過沒用手或是棍子，而是運用心智。

舉例來說，假設你在畫三角形，在這些三角形上進行各種實驗，譬如切割成小三角形，結果偶然發現了一件事：

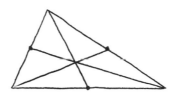

你把各邊中點和它的對角連起來時，三條連線（中線）似乎全交於一點。又試了各式各樣的三角形，發現好像都會如此。這下子你遇到了一個謎團！但是我們先來釐清這個謎團的本質。它跟你畫在紙上的圖無關。用紙筆畫出的三角形能做或不能做些什麼，是和實體世界有關的科學問題。譬如你畫得很草率，三條中線就不會相交成一個點。我想你大可以畫得非常小心謹慎，再放在顯微鏡下看，但頂多只會把紙纖維和鉛筆的

石墨成分看得更清楚，卻不會因此而更了解三角形。

真正的謎團，是環繞著這些過於完美、不存在於現實的三角形，而我們想問的問題是：在數學實在中，這三條完美的直線是否會交於一個完美的點。鉛筆或顯微鏡現在都派不上用場。（在整本書我會一直強調這種區別，可能會到讓你嫌囉唆的地步。）我們該如何解決這樣的問題？對於這樣的假想物件，有任何已知的知識嗎？是哪種形式的知識？

在繼續檢視這些提問之前，我們先花點時間，欣賞一下這道問題，領略何謂「數學實在」的本質。

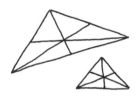

我們撞見了一個密謀，顯然暗中有某種（未知的）結構上的運作，使這種情況發生。我認為這很了不起，但也有點嚇人。三角形究竟知道什麼事，是我們所不知道的？想到有這麼多漂亮而深奧的真理，等著我們去發現並融會貫通，有時還真讓我有點忐忑不安。

這個謎團究竟是什麼？我們想知道為什麼。為什麼一個三角形想這麼做？假如你是隨便把三根棍子丟到地上，棍子通常不會交疊在某一點，而是兩兩交叉，中間形成一個小三角形，不是嗎？

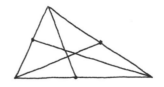

　　我們所尋找的是一種解釋。當然，倘若這現象根本不真確，我們可能就找不到解釋了。譬如我們只是一廂情願，或是被拙劣的繪圖手法給愚弄了。在實體世界裡有很多「敷衍之事」，所以也許只是三條直線相交成的那個三角形太小了，被鉛筆屑擋住，我們看不到罷了。但另一方面，它當然也有可能為真；它具備了數學家會去尋找的很多元素：自然性、優雅、簡單，以及某種令人信服的特質。所以它可能是對的，但問題同樣是：為什麼？

　　現在，學問來了。為了做出解釋，我們得創造某樣東西——要以某種方式建構一套論證或推理，可讓我們回答為什麼三角形會產生這種行為。這項任務非常艱鉅。其中一個理由是，若只是畫或做出一堆實體三角形，然後看它對不對，這樣是不夠的。這並不是在解釋，反而比較像是「近似驗證」。我們的疑問，是個更為嚴肅的哲學問題。

　　如果不知道為什麼三中線交於一點，又怎麼知道它們真的相交呢？「數學實在」不像實體世界，沒有實物可觀察。我們該如何了解一個純想像的領域？重點是，什麼是真確的，其實沒那麼重要。真正重要的是為什麼它為真。理由才是我們該問的。

　　我並不是要貶低人類感官的價值。我們十分需要繪圖、模型、影片等任何可取得的素材，來輔助直覺和想像。我們只需明白，這些東西並不是討論的主體，並不能告訴我們數學實在的真相。

　　所以，現在我們真的面臨困境了。我們認為自己可能發現了一個漂亮的真理，現在需要證明它。這就是數學家的工作，我希望你也樂在其中。

　　這件事做起來非常困難嗎？是很困難。有沒有撇步或方法可依循？並沒有。這是不折不扣的抽象藝術。藝術始終是一場奮戰。沒有什麼系統化的方法，可幫助你創作出充滿美感和意義的繪畫或雕塑作品，也沒有哪個方法可以讓你做出具備美感和意義的數學論證。很抱歉。數學是最難的藝術，這也是我喜愛它的原因之一。

　　所以對不起，我不能告訴你怎麼做，而且我不打算陪著你，或是在書末附上一堆提示或詳解。如果你打心底想畫一幅畫，畫布的背面也不會有畫帖讓你照著畫。假如你題目做到一半卡住了，苦思不得其解，那就歡迎你加入我們的行列。數學家也都不知道怎麼解自己的題目。如果能解開，就不叫做問題了！我們始終在未知的邊緣奮戰，我們總是陷入苦思，直到有所突破。我也希望你有很多突破，這感覺很棒。但是，做數學並沒有什麼特別的撇步，你必須多思考，希望靈感找上門。

　　不過我不會把你送進叢林之後就撒手不管。你必須帶著智慧和好奇心，這些都是你賴以求生的裝備，而我也許可以提供

幾點普通的建議，替你指引方向。

　　我的第一個建議是：**你自己訂的題目就是最好的題目**。你是勇敢的心智探險家；這是你的腦袋和冒險。「數學實在」是你自己腦袋裡的產物，你想去探索就可以去。你的問題是什麼？目標在哪裡？我是很喜歡出題讓你思考，但這些僅只是拋磚引玉，讓你可以繼續自己栽種出叢林來。別怕解不開自己訂的題目──數學家經常如此。另外，盡量讓自己同時思考五或六個問題。假如你的頭反覆撞同一面牆，你會非常沮喪。（有五、六面牆輪流讓你撞，情況就好多了！）說正經的，一個問題做一段時間然後休息一下，總是有幫助的。

　　還有一個重要的建議是：**互相幫忙**。如果你有朋友也想要做數學，你們可以一起討論，分享當中的快樂和挫折，就像一起玩音樂一樣。有時候，我會耗六到八個小時與朋友研究一個題目，即使只有一丁點進展，我們還是會因為有另一個傻瓜作伴而感到很開心。

　　所以，難就難吧。盡量不要氣餒或是把失敗看得太嚴重。不只你無法理解數學實在，我們所有的人都跟你一樣。別擔心自己經驗不足或是「不夠格」。數學家的特質並不是學術技能或淵博知識，而是永不滿足的好奇心，以及對簡單之美的渴望。做自己，去你想去的地方。與其裹足不前、害怕挫折或是困惑，不如試著擁抱這份恐懼和神祕感，開開心心大玩特玩一番。是沒錯，你的想法會行不通，你的直覺會出錯，歡迎你加入我們的行列！我一天會有十幾個不成熟的想法，其他的數學

家也都跟我一樣。

好了，我知道你在想什麼：什麼美啦、藝術啦、創作過程必經的痛苦，說得如此浪漫動聽，但到底我該怎麼做？我這輩子還沒有做過半個數學論證，你就不能多給我一點提示嗎？

讓我們回到剛才的三角形和三中線。該如何堆砌出一個論證？我們可以先看對稱三角形的情形。

這種三角形也稱為**等邊**三角形。好了，我知道這個做法不太尋常，但整個概念是，如果能想辦法解釋這種特殊三角形的三條中線為什麼會相交，也許就會得到一點線索，知道怎麼處理一般三角形的情形。但也可能得不到線索，你永遠不會知道，只能花時間跟它磨——我們數學家喜歡稱之為「做研究」。

無論如何，我們總要有個起點，而等邊三角形的特例至少比較容易。這個特殊情形裡有非常多對稱性。**不要小看對稱性！**在許多方面，對稱是最強大的數學工具。（請把它放進你的求生背包裡。）

在這裡，對稱性會告訴我們：發生在三角形其中一側的任何事情，一定也會發生在另一側。換一種說法就是：如果我們沿著對稱線翻轉三角形，翻轉後的結果看起來和原來的三角形一模一樣。

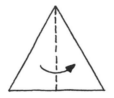

尤其是，兩個邊的中點會交換位置，而相對應的兩條中線也會互換。

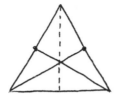

不過，這就表示這兩條中線的交點不可能落在對稱線的任一側，否則這個交點在翻轉之後會跑到另一側，而讓我們看出來三角形被翻轉了！

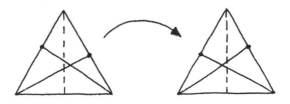

因此，交點必定落在對稱線上，而對稱線顯然就是這個三角形的第三條中線（連接頂角與底邊中點），所以三中線交於一點。這個解釋很不錯吧？

以上就是一個數學論證，或稱為證明。數學證明就像在說故事。題目裡的元素就是人物角色，故事情節則由你決定。就像任何一篇文學小說，我們的目標是寫出在陳述上令人信服的

故事；在數學上，這表示情節不僅要合乎邏輯，還必須簡明而優雅。沒有人喜歡看拐彎抹角又龐雜的證明。我們當然想看到理性的思路，但也希望感受到美的震懾。一個證明應該兼顧美感及邏輯。

這讓我想到另一個建議：修潤你的證明。有了一個解釋，並不代表它是最好的解釋。可以刪掉什麼不必要的雜念或複雜度嗎？能不能找到完全不同的切入點，給你更深入的了解？多做幾次證明。畫家、雕塑家和詩人都在做同樣的事情。

比方說，我們剛才的證明雖然邏輯清楚、簡單明瞭，但稍嫌武斷。儘管我們主要運用到對稱性，但整個證明有那麼一點不對稱（至少對我來說這有點討厭）。說得具體些，論證只挑了其中一角，並以相應的中線為對稱線。倒不是這個做法非常不好，而是我們用的三角形太對稱了；我們不該做這麼隨心所欲的選擇。

譬如我們也可以想到，這個三角形除了具有翻轉對稱性，也有旋轉對稱。意思就是，如果我們把它旋轉三分之一圈，看起來會和原來完全一樣。這表示我們的三角形必定有一個中心。

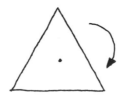

現在，如果我們沿著任意一條對稱線（不特別偏好哪一條）旋轉三角形，三角形不會改變，所以它的中心必定留在原

處不動。意思是，這個中心點落在三條對稱線上，因此三中線相交於一點！

好了，我並不是要告訴你，第二種論證多好甚至多麼不同。（事實上，還有很多其他的證明方法。）我想說的是，藉由不止一種方法，能夠對問題有更深一層的理解和認識。尤其是，第二個論證不僅告訴我三中線相交，還告訴我相交在哪裡——即旋轉中心。這把我帶向另一個問題：旋轉中心的位置在哪裡？更確切的問法是，一個等邊三角形的中心在多高的位置上？

在整本書裡，類似的問題會不斷出現。要成為數學家，多少就是在學習丟出這樣的提問，用你的棍子四處試探，尋找尚待發現的真理。我所想到的題目和問題，會以粗體字標示。你可以想一想，如果想解，就做做看。我也希望你自己出題。以下就是給你的第一道題目：

等邊三角形的中心在哪裡？

現在回到原來的問題，我們發現幾乎沒有任何進展。雖然解釋了為什麼等邊三角形的三中線會相交，但是我們的論證太依賴對稱性，很難看出這對於一般的情形有何幫助。其實我覺得，如果換成**等腰**三角形，我們的第一個論證仍然有效：

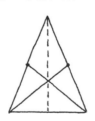

原因是，這種三角形仍然有一條對稱線。這叫做一般化（generalization）——讓一個問題或論證在更廣泛的情況下也說得通。不過，對於一般的非對稱三角形，上面兩種論證顯然行不通。

現在這種處境，數學家都很熟悉——我們卡住了。我們需要新的想法，最好不要這麼仰賴對稱性。那麼就從頭開始吧。

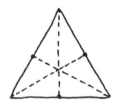

我們有一個三角形、各邊的中點，以及連接各頂點與對邊中點的中線。對於這些元素，還可以做些什麼事呢？

這裡有個提議。如果把中點連起來呢？會發生什麼有趣的事情？既然身為數學家，你就必須做一件事：進行嘗試。這樣行得通嗎？會產生有用的資訊嗎？通常不會。但總不能光坐在那裡，盯著幾何圖形或數字吧。要設法嘗試各種可能。做的數學越多，你的直覺和本能會更敏銳，想法會更成熟。怎麼知道該試哪些想法？沒辦法知道，只能猜測。經驗豐富的數學家對於結構十分敏感，所以猜對的機會較大，但我們一樣得猜。所以，就大膽猜吧。

最重要的是不要害怕。好了，假設你試過某個瘋狂的想法，結果行不通。在這方面你一點也不孤單！阿基米德、高斯、你和我，我們全都在「數學實在」摸索前進，試圖理解這

個世界裡的現象，做出猜測，嘗試各種想法，而且多半失敗。
然後，你偶爾成功了。（如果你是阿基米德或高斯，成功的次
數也許更頻繁些。）解開一個千古之謎所帶來的感覺，會讓你
重返叢林，再探一次險。

　　好，想像你已經做過各種嘗試，有一天你突發奇想，何不
把中點連起來。

　　看到了沒？好，我們把原來的三角形分割成四個小三角形
了。若是對稱三角形，四個小三角形顯然全等。那麼對於一般
的三角形呢？

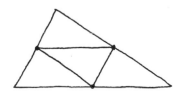

　　這四個小三角形長相都一樣嗎？事實上，其中三個看上去
就像原來三角形的縮小版（縮小了一半）。果真如此嗎？中間
那個小三角形呢？它可不可能也長得一樣，只是旋轉了一百八
十度？我們無意間發現了什麼結果？

　　我們碰巧遇上了一點點真理、模式和美，如此而已。這也
許會導向某個意想不到、可能與原始問題無關的結果。就由它

去吧。三中線的問題並不神聖,和其他問題沒什麼兩樣。如果思緒把你帶到另一個問題,那很好啊!這下你就有兩個題目可以想了。我的建議是:保持靈活,不要先入為主。讓問題帶著你走。如果在叢林裡無意間遇到一條河,就順著河往前走!

這四個小三角形全等嗎?

不妨假設它們全等。而且附帶一提,你當然可以這樣做。數學家總是先做假設,再看看會發生什麼情況(古希臘人甚至創了一個詞來形容它——稱為分析,analysis)。幾千年來我們人類發現了許許多多看似事實的數學陳述,並且相信是事實,但至今仍然無法證明。這些陳述稱為猜想(conjecture)——也就是關於數學實在的一段陳述,你相信是真確的(通常也舉出一些例子來佐證,所以它是個合理的猜測)。我希望你除了一邊讀這本書、一邊做數學,也會發現自己隨時在提出猜想。也許你還會證明出自己所提的一些猜想,那就可以改稱為定理(theorem)。

假定我們的猜想是對的,四個小三角形的確全等(這當然也需要做個證明),接下來的問題是,這對於解決原來的題目有沒有幫助?也許有,也許沒有,得看你接著有什麼發現。

本質上說,做數學就是在玩耍、觀察和發現、建構例子(以及反例)、提出猜想,然後證明——這也是最困難的部分。我希望你漸漸發覺這個過程很好玩,充滿挑戰,而且獲益良多。

好啦，這個三角形三中線相交的問題，就留給你慢慢想。

我的下一個建議是：**自我評價**。讓你的論證接受自己和他人的嚴苛批評。所有的藝術家都要經歷這個階段，尤其是數學家。正如我說過的，一個數學論證要能合格，必須禁得起兩種非常不同的審核標準：它既得是一個理性的論證，必須具備正確的邏輯和說服力，同時它也必須是巧妙的，具啟示性，能提供情感上的滿足。對不起，這種標準十分苛刻，但這門藝術的本質就是如此。

你會說，美學判斷顯然因人而異，而且可能隨時空環境改變。的確，這種事在數學上也發生過，就像其他的人類活動一樣。一千年甚至一百年前視為漂亮的論證，今天來看說不定覺得拙劣、不優雅。（例如很多古典希臘數學，在我的現代眼光看來就顯得相當可怕。）

我的建議是，不要老想給自己超高的審美標準。如果你喜歡自己的證明（大多數人都會為自己辛苦的創作感到相當自豪），這樣很好。如果你有某些地方不怎麼滿意（大多數人也都如此），你就還有可努力的空間。經驗越多，品味也會提升，而可能開始覺得先前所做的論證不夠好。照理說就該如此。

我認為這也同樣適用於邏輯有效性。做的數學越多，你會變得更聰明。你的邏輯推理會更嚴謹，而且會開始發展出數學「嗅覺」。你將學會心存懷疑，去察覺是不是有一些重要的細節被掩蓋住。一切順其自然吧。

　　不可否認，還是有某些惹人厭的數學家，完全無法容忍錯誤。我不屬於這類型。我是放任派的——偉大的藝術就是這樣產生的。因此，你剛開始寫出來的數學論證很可能是邏輯上的大災難。你可能相信事實就是如此，但其實不是。你的推理可能會漏洞百出。你會直接跳到結論。那好，就放膽做和跳吧。你必須討好的人只有你自己。相信我，你會在自己的推導過程中發現很多錯誤。可能你早上還自認是天才，到了中午就發現自己是白痴。我們全都做過這種蠢事。

　　問題的部分原因是，我們太在意是不是簡單、漂亮，因而一有漂亮的想法，就很想相信它是對的。又因為一心希望它為真，難免沒有再仔細檢視。這是「氮醉」的數學版。潛水的人看著眼前的奇景，會忘了回到海面調整呼吸。這麼說吧，邏輯是我們的空氣，審慎的推理是我們的呼吸方法。因此，不要忘記呼吸！

　　你和數學家之間的真正差別在於，數學家非常清楚在哪些情況下會自我蒙蔽，因此我們心存更多的疑慮，在邏輯嚴謹程度方面會堅守更高的標準。我們學會扮演魔鬼代言人。

　　每當我研究一個猜想，我總會樂於假設它可能是錯的，有時候我努力證明，其他時候則試著推翻，來證明自己錯了。偶爾我會發現一個反例，代表我確實被誤導了，需要再琢磨，或可能該捨棄這個猜想。不過有的時候，我試圖建構一個反例，卻不斷遇到同一個障礙，後來這個障礙竟成為最後做出證明的關鍵。重點是要保持開放的心態，不要讓自己的期望干擾你對

真理的追求。

　　當然，儘管數學家對於邏輯清楚的要求可能相當挑剔，但從自己的經驗我們也會「嗅到」一個證明是不是有希望，如果願意的話，我們顯然可以補充必要的細節。數學是一種人類活動，而人類會犯錯，這是不爭的事實。大數學家都曾做出毫無意義的「證明」，你也免不了。（這也是與他人合作的好理由──他們可以針對你的疏忽之處提出反駁。）

　　重要的是踏進數學實在，做出一些新發現，樂在其中。對邏輯嚴謹度的渴望會隨著經驗增長，不用擔心。

　　那麼就出發吧，做出你的數學藝術品。用自己的理性和審美標準來評斷。你覺得滿意嗎？那太棒了！你是個陷入瓶頸的藝術家？那更好。歡迎來到叢林！

大小與形狀

1

以下是個美麗的圖案。

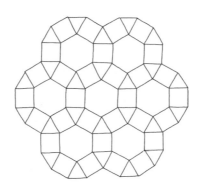

我來告訴你，為什麼我覺得這種圖案很吸引我。首先，裡面有幾種我很喜歡的形狀。

這幾種形狀簡單又對稱，所以我很喜歡。像這樣由直線構成的形狀，叫做**多邊形**（polygon）。所有的邊與每個角都相等的多邊形，稱為**正多邊形**。所以我想我應該要說：我喜歡正多邊形。

這個圖案設計吸引我的另一個原因是，當中的組成元件拼接得天衣無縫。鋪磚之間沒有縫隙，也不會重疊（我喜歡把這些元件想成瓷磚，就像馬賽克裝飾藝術）。至少看上去是如此。請記住，我們所談的東西，其實是假想的完美形狀。不能

因為圖案看起來很好，便認為就是這麼回事。無論多麼費心製作的圖片，都是實體世界的產物；圖片不可能告訴我們關於假想數學物件的真理。幾何形狀做自己想做的事，不是做我們希望它們做的事。

那我們怎麼能確定，這些多邊形真的拼貼得完美無缺？對於這些幾何物件，我們真能知道些什麼嗎？問題的關鍵是，我們要度量這些多邊形——不是用尺或量角器這類笨拙的實體器具，而是靠心智去度量。我們需要找一種方法，能單單用哲學論證去衡量這些形狀。

有沒有注意到，在這個例子裡我們需要量的是角度？為了檢查類似的馬賽克拼貼圖案做得出來，我們必須確認在地磚之間的每個接角，各多邊形的角度加起來是一整圈360度。譬如最普通的正方形鋪磚，正方形的各角是四分之一圈，所以四個正方形加起來剛好一圈。

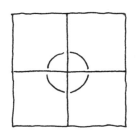

附帶一提，我喜歡用一整圈來當作角度的度量單位，而不喜歡用度。我個人覺得這樣更簡單，也比把一圈分成360等份更自然些（你當然可以選擇自己喜歡的方式）。所以我的說法

就會是：正方形各角的角度是 $\frac{1}{4}$。

跟角度有關的第一件驚人發現是，不管是哪種形狀的三角形，內角和始終相同，加起來都是半圈（或 180 度，如果你必須從俗的話）。

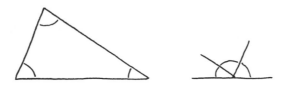

如果想實際感受一下，不妨拿紙做幾個三角形，把角裁下來，然後排在一起，你就會看到它們一定能排成一條直線。多漂亮的發現呀！但我們怎麼知道真的就是如此？

有一種方法是，把三角形改畫在兩條平行線之間。

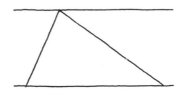

請注意看，這兩條直線與三角形其中兩邊構成的 Z 字形。（我猜你可能會把右邊的那個稱為倒 Z 形，不過怎麼稱呼都無所謂。）要請你看的重點是，Z 字形的夾角永遠會相等。

　　這是因為 Z 字形是對稱的：假如我們讓它繞著中心點旋轉半圈，看起來會完全相同。這表示上下兩個角必定相等。有道理吧？這就是一個典型的對稱論證。如果一個形狀經過了某一組運動的作用之後仍保持不變，我們就可以由此推斷出，兩個或更多個量度必定相等。

　　回到剛才兩平行線夾三角形的圖示，我們現在曉得，底部的兩個角分別與頂部的對應角相等。

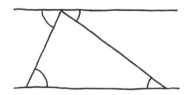

　　這也就表示，三角形的三個角湊在一起，會在頂部拼成一條直線。所以，三個角相加一共轉了半圈。這個數學推理很輕鬆愉快吧！

　　這正是做數學的意義。先做出發現（不管用哪種方法做出來都行，包括紙、繩子、橡皮筋之類的實體模型），然後盡可能以最簡單優雅的方式去解釋。這是數學的藝術，也是數學充滿挑戰與樂趣的地方。

　　由這項發現產生的其中一個結論是，如果我們的三角形恰好是等邊三角形（即正三角形），那麼三個角會相等，一定都等於 $\frac{1}{6}$。我們還可以換一種方法來看出同樣的結果：想像你是在開車繞著三角形的邊線。

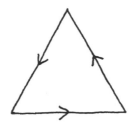

　　你轉了三個相等的彎之後，就回到起點。由於最後轉了一整圈，因此每個彎必定剛好等於 $\frac{1}{3}$。請注意，我們所轉的角度實際上是三角形的外角。

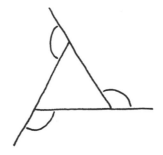

　　由於內角與外角加起來是半圈，所以內角就等於

$$\frac{1}{2} - \frac{1}{3} = \frac{1}{6}$$

特別是，六個正三角形可以剛好鋪成一個接角。

　　嘿，這不就做出了一個正六邊形！我們額外得到了一個結

論：正六邊形的每個角必為正三角形各角的兩倍，也就是 $\frac{1}{3}$。這表示，三個正六邊形可以拼在一起。

因此，我們還是有可能對這些形狀有些認識。尤其是，我們現在明白了為什麼最初的那幅馬賽克圖案拼得出來。

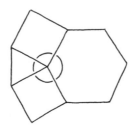

在圖案的每個接角，都有一個正六邊形、兩個正方形、一個正三角形。這些角度相加起來會等於

$$\frac{1}{3}+\frac{1}{4}+\frac{1}{4}+\frac{1}{6}=1$$

所以拼得起來！

（附帶一提，如果你不喜歡分數運算，你隨時可以換掉度量單位，避開分數。譬如你可以用 $\frac{1}{12}$ 圈當作單位，這樣的話，正六邊形的內角就會是 4，正方形的內角會是 3，正三角形的內角是 2，那麼相加起來就會等於 $4+3+3+2=12$；也就是一整圈。）

　　我特別喜愛這個鑲嵌圖案呈現出來的對稱性。每個接角都有同樣的形狀依序排在周圍：六邊形、正方形、三角形、正方形。這表示一旦我們檢查過其中一個接角能夠拼滿，就能順理成章推知其他接角也不成問題。這個圖案可以無限往外延伸，鋪滿整個無限平面。我不禁納悶，「數學實在」裡還有沒有其他美麗的鑲嵌圖案？

利用正多邊形做出對稱的鑲嵌設計，方法有哪些？

　　當然，我們會想知道各種正多邊形的角度。你能不能想想看該如何量出角度呢？

正 *n* 邊形的角度有多大？

你可以量出正 *n* 角星的角度嗎？

從正多邊形的其中一角所畫的對角線，

會切割出相等的角度嗎？

雖然我們現在談的主題是多邊形做出的漂亮圖案，但我想讓你看看我的另一個最愛。

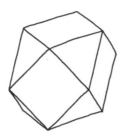

這一次我們用了正方形和三角形，但不是鋪成平面，而是做成某種球形。這種幾何體叫做**多面體**（polyhedron），幾千年來數學家一直在琢磨這種幾何形狀。思考的方法之一，是去想像多面體展開成平面的模樣。譬如剛才這個多面體，從其中一角展開後，看起來會像這樣：

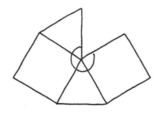

我們可以看到，有兩個正方形及兩個三角形圍繞著一個頂點，但留下了一個縫隙，以便摺成一個球。因此對於多面體來說，角度相加起來必須小於一整圈。

如果角度之和大於一整圈，會發生什麼情況？

多面體與平面鑲嵌的另一個差異點，在於多面體的設計只牽涉到有限多個地磚。模式仍舊可以持續進行下去（就某種意義上），但不會無限延伸到外太空去。我當然也對這些模式感到好奇。

對稱的多面體有哪些？

換一種問法就是：有哪些方法，可把正多邊形做成多面體，而且在每個角可看到同樣的模式？阿基米德找出了所有可能的方法。你能不能找得出來？

最對稱的多面體，當然是每個面都全等的多面體，譬如立方體。這種多面體稱為**正多面體**。古人已經發現正多面體只有五種（所謂的柏拉圖立體）。你能不能找出是哪五種？

有哪五種正多面體？

2

什麼是度量？我們度量某樣東西的時候，是在做什麼事情？我認為我們其實是在做比較。是拿我們想測量的東西，與我們用來測量的東西，來做比較。換句話說，**度量是相對的**。我們做出的任何量度（measurement），無論實際上的還是假想中的，都必須取決於我們所選的度量單位。在日常生活裡，我

們每天都會遇到這種抉擇——像是一杯糖、一噸煤、一份薯條等等。

問題是，在假想的數學世界裡，我們要採用什麼樣的單位？譬如說，下面這兩根棍子的長度要怎麼度量？

為了方便討論，我就假定第一根棍子恰好是第二根的兩倍長。兩根棍子最後是幾公分或幾英寸，真的這麼重要嗎？我一點也不希望這麼美的數學世界受制於這樣俗氣又專斷的東西呢。對我來說，比例（即 2：1）才是重點；換言之，我要度量兩棍子的相對關係。

你可以這麼想：我們完全不用任何一種單位，就只有比例。既然沒有很自然的長度單位可選，那就不用吧。沒什麼不可以的。兩根棍子的長度就是它們本身這麼長，而第一根是第二根的兩倍長。

另一種思考方式是，因為單位不重要，所以我們可以任選，看哪種方便。譬如選第二根棍子當作我的單位或量尺，這麼一來，量出來的長度看上去比較好看：第一根棍子的長度為 2，第二根的長度是 1。我當然也能說兩棍子的長度是 4 和 2、6 和 3，或說是 1 和 $\frac{1}{2}$。都無所謂。度量我們所做出的形狀或圖案時，可以隨意選用我們想要的單位，但要記住，真正要度量的是比例。

　　最簡單的例子，大概是正方形的周長了。假如以邊長當作單位（有何不可？），周長顯然是 4。這代表的意義就是，對任何一個正方形來說，周長都是邊長的四倍。

　　單位這個玩意兒，和縮放的概念有關。譬如我們把某個形狀放大成 2 倍，那麼量得的所有長度，就會等於我們用一半長度的量尺去量原來的形狀。

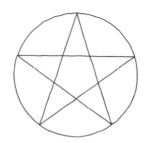

　　我們就把這種放大（或縮小）的過程，稱做**縮放**（scaling）。也就是說，右邊的形狀是把左邊縮放了 2 倍，或者反過來說，左邊是把右邊縮放了 $\frac{1}{2}$ 倍。

　　有縮放關係的兩個圖形，稱為**相似**（similar）。我想說的意思是，如果兩個形狀相似，而且其中一個是另一個的縮放倍數，那麼對應的長度也會有同樣的縮放倍數。一般的說法就是「等比例」。但要注意，角度完全不受縮放的影響。形狀維持不變，改變的只有大小。

如果兩個三角形等角，它們一定相似嗎？

若是四邊形，又是什麼情形呢？

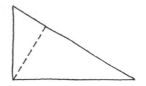

證明：如果把一個直角三角形切成兩個小的直角三角形，
它們一定與原來的直角三角形相似。

不採用單位、而是去度量相對比例，這麼做的好處在於讓問題與縮放無關。對我來說，這是最簡單、最具有美感的研究方法。由於形狀是我們各自腦袋裡的產物，所以這應該是最好的辦法。你所想的圓形比我所想的圓形大，還是小？問這個問題有任何意義嗎？

但在開始著手度量之前，還需要知道我們究竟在談論什麼東西。

假設我有個正方形。

好，關於正方形，有幾件事我一開始就已經知道了，比方說它的四個邊等長。像這樣的資訊，既非新的發現，也不需要任何解釋或證明；它就只是正方形一詞所代表的意義。每創造或定義出一個數學物件，都會附帶著本身的建構藍圖——也就是使它符合自身定義、而不會成為其他東西的那些特徵。於

是，數學家所問的問題就會以這種形式出現：如果要求某某條件，我還會得到什麼其他的結果？比方說，假如我要求四邊相等，做出的一定是正方形嗎？顯然不是。

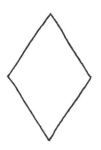

　　有可能做出四邊相等的鑽石形狀，稱為**菱形**（rhombus，這個希臘字的意思是「陀螺」）。換句話說，雖然指定了要有四邊相等，但這當中帶有一定的搖擺空間。因此，千萬要知道你對自己的物件是不是掌握得一清二楚。我們沒辦法精確度量任意菱形的角度，因為上面的描述（有四邊相等）仍然允許這個形狀搖擺不定，改變角度。我們必須弄清楚所指的具體範圍，以便提出適切而有意義的問題。

在菱形中，對邊永遠平行嗎？對角線一定互相垂直嗎？

　　假定我們要求這個菱形的四個角全是直角，當然就會使它成為正方形，因為那就是正方形一詞代表的意義。這樣還有搖擺不定的空間嗎？事實上仍保留了一個自由度，那就是大小可以改變。（當然，這是相對於我們正在考慮的其他物件來說。倘若我們只考慮一個正方形，大小就沒有意義了。）

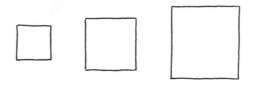

好啦,現在假設我們選了某個長度,當作正方形的邊長。
這下子總鎖定了吧?是的,而且這有幾個重要的結果。首先,
這表示如果我們對這個正方形再做進一步的要求,恐怕很難辦
到。譬如我們可能希望對角線要和邊長等長,可沒這種好事。
幾何形狀(或任何數學結構)一旦陳述得足夠具體,它的一切
行為就會受「數學的自然力」掌控。當然可以試圖找出其中的
真理,但我們對此事已不再有發言機會。

就某種意義來說,關於數學實在的真正問題是:我們有多
少掌控權?可以要求多少?在它有如玻璃雕塑般被打碎之前,
我們可以同時提出多少需求?數學實在具有多大的韌性和包容
力?可被我們推向哪裡、又會反推回哪裡?

平行四邊形是指兩組對邊平行
的四邊形(即歪斜的方形)。
平行四邊形的對角一定相等嗎?

證明:兩對角線等長的平行四邊形,一定是矩形。

3

形狀相同的兩個物件（即相似物件）很容易比較大小——長得大的比較大，長得小的比較小。但是比較不同的形狀時，可就有趣了。譬如以下這兩個形狀，哪個比較大？這又代表什麼意義？

你可以去比較這兩個形狀所占的空間大小。這種量度通常稱為**面積**。就像其他的量度，也沒有所謂的絕對面積——只有相對面積。單位的選擇是任意的；我們可以選任何一個形狀，把它所占的空間大小稱之為「單位面積」，然後就能以此為準度量出其他的面積。

相對的，一旦我們選了一種長度單位，自然也就有了（傳統的）面積單位，那就是單位邊長的正方形所占的空間大小。

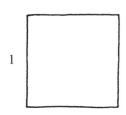

所以，面積的量度其實歸結到下面這個問題：相較於單位正方形，我的形狀占了多少空間？

假設我們把一個三角形沿著其中一條中線

切成兩半，請問面積也會切成兩半嗎？

有的面積容易度量。譬如以下這個 3 × 5 的矩形。

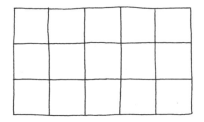

　　很容易看出，這個矩形可以切成十五小塊，每小塊都是一個單位正方形，因此矩形面積為 15。也就是說，它占的空間恰好是單位正方形的十五倍。一般來說，如果矩形的邊長為漂亮的整數，例如 m 和 n，面積就會等於兩數的乘積 mn。我們可以用數的：有 m 列，每列有 n 個單位正方形。

　　不過，要是邊長不是整數怎麼辦？倘若矩形不能切成剛好的單位正方形，那麼要怎樣度量面積呢？

　　下面是兩個等高的矩形。

　　我喜歡把右邊的矩形視為左邊的「拉長」版。有沒有看出來，兩者的面積與寬度等比例？沿著一個方向拉長，稱為**伸縮**（dilation）。我們現在所說的意思就是，矩形伸縮了幾倍，面積就會變幾倍。

　　尤其是，我們可以把邊長為 a 和 b 的矩形，想成是單位正方形經過兩次伸縮：在其中一個方向伸縮 a 倍，另一個方向伸縮 b 倍。這表示單位正方形的面積也會跟著加倍，先乘以 a 倍，再乘以 b 倍。換句話說，它變成 ab 倍。所以，矩形的面積就等於邊長的乘積。邊長是不是整數，一點也不重要。

　　那麼三角形的面積呢？我最喜歡想像在三角形周圍畫一個長方形。結果會發現，三角形的面積始終是長方形的一半。看得出為什麼嗎？

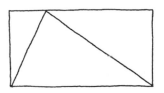

為什麼三角形占的空間剛好是長方形的一半？

當我們把三角形的尖點左右滑動，
三角形的面積會有什麼變化？
要是尖點滑出了長方形外呢？

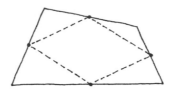

證明：把任意四邊形的各邊中點作連線，可作出
一個平行四邊形。它的面積有多大？

把一個多邊形切割開再重新組合，
一定能拼成正方形嗎？

　　面積有一個有趣的特徵，是它在縮放作用之下的行為。我
們可以把縮放想成是做兩次等倍伸縮的結果。如果我們把一個
正方形縮放 r 倍，它的面積會變成 r^2 倍。例如你把一個正方形
縮放成 2 倍大，它的周長會變 2 倍，但面積會變 4 倍。

　　事實上，這對於任何形狀都成立。縮放會讓面積變成縮放
倍率的平方倍，不管你碰到哪種形狀都一樣。要理解這一點有
個很好的方法，就是想像有個與你的形狀等面積的正方形。

　　一起縮放 r 倍之後，兩形狀的面積仍然相等——這兩個形
狀所圍的空間大小相同，無論我用的量尺有沒有改變。由於正

方形的面積變成 r^2 倍，另一個形狀的面積也同樣變成 r^2 倍。

還有三維尺寸（通常稱為**體積**）的問題。當然，我們可以拿單位邊長的立方體當作我們的單位體積。第一個問題是：如何度量一個簡單的三維方盒。

方盒的體積會如何隨著邊長而變化？

縮放對於體積有什麼影響？

4

以大小和形狀為對象的研究，稱為**幾何學**（geometry）。幾何學史上最古老、影響最深遠的問題就是：正方形的對角線有多長？

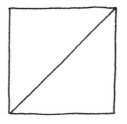

當然，我們真正想問的是對角線與邊長之比。為了方便起見，可以把正方形的邊長設為 1，令對角線的長度為 d。現在看看下面這個圖形。

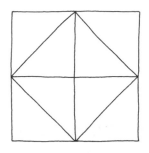

這是由四個單位正方形組成的 2 × 2 正方形。請注意,單位正方形的對角線也形成了一個正方形,而這個正方形的邊長為 d,因此可以想成是把單位正方形縮放了 d 倍。還有,它的對角線一定是單位正方形的對角線的 d 倍,所以長度一定會等於 d^2。另一方面,光看圖形,就知道它的對角線長等於 2。這表示,不管 d 是多少,d^2 都一定等於 2。我們可以從另外一種方法看出這件事:$d \times d$ 正方形所占的面積,剛好是大正方形面積的一半。由於大正方形的面積是 4,因此同樣推論出 $d^2 = 2$ 的結果。

那麼 d 是多少?你也許會猜是 $1\frac{1}{2}$ 。還不賴,不過 $\frac{3}{2} \times \frac{3}{2} = \frac{9}{4}$,大於 2。這表示 d 實際上應該要小一點。我們可以多試幾個值:$\frac{7}{5}$ 太小,$\frac{10}{7}$ 又太大,$\frac{17}{12}$ 很接近了,但仍然不十分正確。

那該怎麼辦?繼續試到太陽下山嗎?其實我們要找的是一個比例 $\frac{a}{b}$,會滿足

$$\frac{a}{b} \times \frac{a}{b} = 2$$

等號成立的唯一可能情形，是當分子 a 自乘的結果，剛好等於分母 b 自乘結果的兩倍。換句話說，我們得找到兩個整數 a 與 b，使得以下的等式成立

$$a^2 = 2b^2$$

因為我們只對 $\frac{a}{b}$ 這個比感興趣，因此沒有必要看 a 與 b 都是偶數的情形（可以消掉 2 的任何公因數）。我們也可以排除 a 是奇數的可能性：如果 a 是奇數，那麼 a^2 也是奇數，就不可能是 b^2 的兩倍了。

為什麼兩個奇數的乘積一定是奇數？

所以需要考慮的，就只有 a 是偶數、而 b 是奇數的那些 $\frac{a}{b}$。不過，a^2 不但是偶數，而且還是偶數的兩倍（也就是可以被 4 整除）。你知道為什麼嗎？

為什麼兩個偶數的乘積一定會被 4 整除？

好啦，因為 b 是奇數，b^2 也一定是奇數，所以 $2b^2$ 是奇數的兩倍。但是 a^2 要等於 $2b^2$。偶數的兩倍怎麼可能是奇數的兩倍？根本不可能。

這代表什麼意義？表示根本沒有這樣的兩個整數 a 與 b，可讓 $a^2 = 2b^2$ 成立。換言之，沒有任何一個分數的平方為 2。對角線與邊長之比 d，沒辦法寫成分數的形式——無論我們把單位分割得多細，對角線都不會是剛好的整數。

這項發現令人不安。說到測量，我們通常會想到拿尺去量個幾次，次數頂多也是有限多次（或是把尺等分成更小的單位）。但在數學實在，卻不是這麼回事；我們竟發現，有些幾何量度（例如正方形的對角線與邊長）是不可公度的（incommensurable）——意思就是找不到共同的度量單位，能夠同時讓它們的量測值是整數。於是我們被迫不要再妄想把所有的量度都描述成整數之比。

剛才我們發現的 d 這個數，就叫做 2 的平方根，記為 $\sqrt{2}$。當然，這只不過是「自乘結果為 2 的那個數」的簡潔說法；換言之，對於這個數，我們只知道一件事：$\sqrt{2}$ 的平方等於 2。我們恐怕說不出這個數是多少（至少說不出它是哪個分數），不過可以找出近似值，比方說 $\sqrt{2} \approx 1.41432$ 之類的。這倒不是重點。我們想弄明白當中的真理。

嗯，真理似乎是：我們沒辦法實際度量出正方形的對角線。並非對角線不存在或是沒有長度可言。它有長度，長度值就在那裡，只是我們無法隨自己的意思去討論。問題並不出在對角線；出在我們所用的語言。

或許這就是我們要為數學實在付出的代價。我們創造了這個假想的世界（真正有可能做出量度的唯一地方），現在得面對後果。像這樣無法表示成分數的數，叫做**無理數**（irrational，這個字的意思是「並非比率」）。這種數從幾何學自然誕生，我們只得想辦法接受。正方形的對角線長，恰好是邊長的 $\sqrt{2}$ 倍——我們所能說的就只有這麼多。

$\sqrt{3}$ 是無理數嗎？$\sqrt{2}+\sqrt{3}$ 呢？

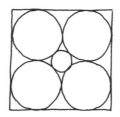

幾個大的圓形顯然是正方形的一半寬。中央的小圓形呢？

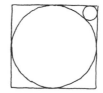

圖中的這些圓形有多大？

5

矩形的對角線又會是什麼情形？

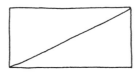

當然，這要看邊有多長，但它們之間的關係是什麼？長方形的對角線與邊長之間的關係，大約四千年前就發現了，而且

不管在今天還是發現之初，都同樣令人驚訝。

你應該注意到了，對角線把矩形切成兩個全等三角形。我們只看其中一個三角形，在它的各邊擺上一個正方形。

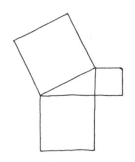

這個令人驚訝的發現就是：大正方形占的面積，剛好等於兩個小正方形的面積之和。無論矩形的形狀怎麼變，這些正方形之間永遠有這樣的關係，彷彿邊長與對角線串通好了。

但究竟為什麼這是對的？有個好方法是透過鑲嵌設計，來看出其中的道理。

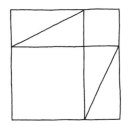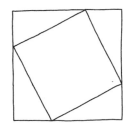

左邊的圖用了兩個小正方形，連同四個三角形，來拼成一個大正方形。而右邊的圖，則是用大正方形（擺在對角線上的那個正方形）以及同樣的四個三角形，來拼成大正方形。重點來了，這兩個大正方形完全一樣；邊長都等於原矩形的長加

寬。尤其是，這表示兩個鑲嵌的總面積相等。好，如果我們把四個三角形從鑲嵌移除，剩下的面積也必定相等，所以，兩個小正方形加起來的面積，確實和大正方形的面積一樣。

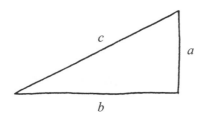

　　令矩形的邊為 a 與 b，對角線為 c。於是，a 邊的正方形與 b 邊的正方形的總面積，會等於 c 邊的正方形的面積。換言之，

$$a^2 + b^2 = c^2$$

　　這就是著名的**畢氏定理**，它道出了矩形對角線與邊長之間的關係。這個定理以古希臘哲學家畢達哥拉斯（約西元前 500 年）來命名，雖然發現的年代更早，上溯到古巴比倫和古埃及。

　　舉例來說，我們知道 1 × 2 的矩形對角線長為 $\sqrt{5}$；很不幸，這個數照樣是無理數。一般來說，矩形的邊長如果是漂亮的整數，對角線長幾乎就會是無理數。這是因為畢氏定理牽涉到對角線的平方，而非對角線。但另一方面，3 × 4 的矩形對角線長為 5，因為 $3^2 + 4^2 = 5^2$。你可以找出其他像這樣的矩形嗎？

**　　邊長與對角線長都會是整數的長方形有哪些？**

　　那三維的情形呢？現在我們要問的不是長方形，而是長方體。

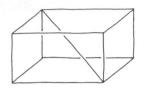

長方體的對角線與它的長寬高有何關係？

證明：等邊三角形的高，是邊長的 $\frac{1}{2}\sqrt{3}$ 倍。

6

　　我想我們現在能夠認真做一些度量了，但在進行之前，我還想解決一個嚴肅的問題。我們為什麼要度量？做出這些假想的幾何形狀然後試著去度量，這麼做有何意義？

　　當然不是為了任何實用的目的。事實上，這些假想的形狀比真實的東西還難度量。要度量矩形的對角線，需要洞察力和創造力；量一張紙的對角線，就容易了──拿一把尺就行了，完全沒有真理，沒有驚喜，沒有哲學問題。不是的，我們要處理的問題與真實世界絲毫沒有關係。首先，我們會選擇度量的圖形，是美麗、奇特的圖形，而不是出於實用性。做數學的理由，不是因為它有用，而是因為有趣。

　　不過，一堆量度哪裡有趣了？誰會管對角線的長度剛好是多少，或是某個假想形狀的面積有多大？這些數字，就只是數

字罷了,真的這麼重要嗎?

其實我認為並不重要。量度問題的重點,不在於量測值是多少;重點是找出這個量度的方法。關於正方形對角線有多長的問題,答案不是 $\sqrt{2}$,而是馬賽克鑲嵌設計。(至少這是可能的答案之一!)

數學問題的解答,不是數字,而是一個論證或證明。我們正試圖創作這些純粹理性的小詩。正如其他形式的詩歌,我們當然希望自己的作品優美且又富有意義。數學是解釋的藝術,因此很難、讓人覺得挫敗,同時又給人極大的滿足感。

數學也是大量的哲學鍛鍊。我們可以假想出完美的物體,然後取得完美的量度,但是那又如何?真理就在那兒,我們看得到嗎?真說起來,這是個關於人類心智極限的問題。我們能夠知道些什麼?這正是每個數學題目最核心的問題。

所以,進行度量的重點,是要看看我們能不能取得量度。我們做度量,是因為接受這項挑戰,同時也因為這很有趣。我們之所以做度量,是出於好奇,是想弄懂數學實在,想理解那些可以構思出數學實在的聰明人。

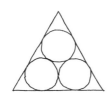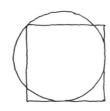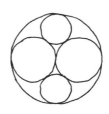

有些幾何題目自己會說話。

7

　　我們就從正多邊形開始。最簡單的正多邊形是等邊三角形。

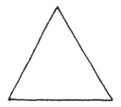

　　等邊三角形沒有對角線可言，所以比較有意思的量度只有面積。是相對於什麼東西的面積呢？由於所有的量度都是相對的，因此只問占了多少空間，而不管是跟誰來比較，是沒有意義的。我認為在此很容易想到的比較對象，就是與三角形等邊長的正方形。我最喜歡想成把三角形放進一個正方形外框裡。

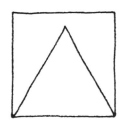

　　現在的問題是，三角形占了正方形多少空間？（要注意，這也讓問題本身與你選用的單位無關。）的確有這麼一個數字，存在於三角形與正方形的本質之中，而且非我們所能控制。是什麼數字？更重要的是，我們要怎麼找出來？

等邊三角形的面積有多大？

結果發現，有些正多邊形比其他的正多邊形容易度量，而度量的容易與否，取決於邊數。舉例來說，正六邊形與正八邊形比較容易量，而正七邊形度量起來相當困難。

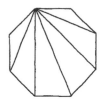

你能不能度量正六邊形和正八邊形
的對角線長與面積？

另一個你可能會有興趣度量的，是正十二邊形。

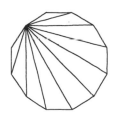

你能不能度量正十二邊形
的對角線長與面積？

幾何學上最美麗（也最具挑戰性）的問題之一，就是正五邊形的量度。

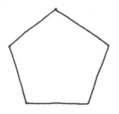

我想告訴你一個非常漂亮（且巧妙）的對角線度量方法。按照慣例，我們取五邊形的邊長為單位，把對角線長記為 d。整個概念是要把五邊形切成三角形，像這樣：

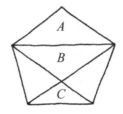

從圖上看起來，三角形 A 和三角形 B 一模一樣。真是這樣嗎？而且三角形 C 的形狀和 A、B 相同，只是比較小。是不是這樣呢？我們想問的問題其實就是：這三個三角形是否相似？沒錯，它們是相似三角形。問題是為什麼？

為什麼這三個三角形相似？
為什麼兩個大三角形全等？

我們現在就來量一量這三個三角形的邊長。三角形 A 的兩個短邊，長度為 1，而長邊的長度是 d。三角形 B 的情形也一樣。所以這兩個三角形看起來就像這樣：

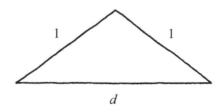

至於三角形 C，長邊的長度為 1。短邊呢？這就要動點腦筋了：三角形 C 的短邊與 B 的短邊，相加起來就是五邊形的一整條對角線。這就表示，C 的兩短邊的長度一定是 $d-1$。以下是三角形 C 的圖形：

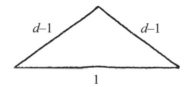

現在的重點是，B 和 C 是相似三角形。意思是說，大的三角形是把小的三角形放大了某個倍率。比較一下這兩個三角形的長邊，可以看出倍率一定是 d。特別是小三角形的短邊放大 d 倍之後，一定要等於大三角形的短邊。也就是說，d 這個數必須滿足以下的關係式：

$$d(d-1) = 1$$

答案出來了，這就是我們的量度。剛才我們想知道正五邊形邊長與對角線的比例，現在得知答案了。也就是跟比自己少 1 的數相乘後會等於 1 的那個數。

但這個數是多少呢？這很像前面討論正方形對角線時遇到的情況；我們得知一個數，具有某種行為（前面的情況是 $d^2 = 2$），而我們自然想知道這個數是多少。在前面我們其實發現了一個語言問題。「2 的平方根是無理數」這件事，代表整數運算（即分數）的語言不夠用，因此我們被迫從根本上改變我們思考量度的方式。正五邊形的對角線會不會帶來更大的麻煩呢？

我們的語言已經被迫擴大到不僅包括加減乘除，還納入了平方根。這套強大的語言，讓我們能夠描述正方形甚至矩形的量度。對於五邊形是不是也夠用呢？還需要進一步擴充嗎？

問題不在於 d 是什麼數——我們曉得 d 是什麼數；它就是滿足 $d(d-1) = 1$ 的那個數。問題在於，這個數能不能以平方根來表示。要注意，我們現在處理的不再是幾何，這個問題已經從形狀與量度上的問題，變成關於語言和表徵的問題了。我們的語言是否夠強大，讓我們能夠解開 $d(d-1) = 1$ 這個關係式，求出 d 這個數？答案是肯定的。

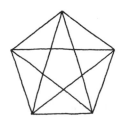

中間這個小的正五邊形有多大？

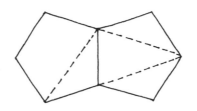

利用這個由兩個正五邊形組成的圖形，來證明

正五邊形的對角線會滿足 $d^2 = d + 1$。

8

數值關係的纏結與拆解，稱為**代數**（algebra）。這門數學歷史久遠且迷人，最早可追溯到古代巴比倫。我想展示給你看的技巧，實際上有四千多年的歷史。

像 $d(d-1) = 1$ 這樣的關係式會這麼難解開，原因在於它是兩個不同的數的乘積，而非平方數（若是平方數，就能取平方根了）。巴比倫人發現，兩個數的乘積始終可以表示成*兩個平方數的差*。如此一來，就有可能把關係式重新以平方數來表示，也就可以用平方根來拆解。

我喜歡採用的思考方式，是把這兩個數想像成矩形的長與寬，所以兩數的乘積就等於矩形的面積。而概念就是從這個矩形的頂部切掉一塊，擺到側邊，讓矩形的長與寬變成相等。

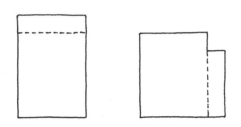

　　這就形成一個缺了一小塊正方形的正方形狀；換句話說，就是兩個正方形的差。過程中，我們從矩形的長邊切掉的寬度，會全部加到短邊去。意思就是，正方形的邊長，會等於矩形長寬的平均。

　　至於那塊小正方形缺角，它的邊長恰好是矩形長、寬與兩者平均的差；我們不妨稱它為離散度。那麼我們所說的事情就是：兩個數的乘積，等於兩數平均的平方，減去兩數離散度的平方。例如，$11 \times 15 = 13^2 - 2^2$。

　　如果 a 是兩數的平均，s 是離散度，那麼這兩個數一定分別是 $a+s$ 和 $a-s$。我們的結果就可以寫成

$$(a+s)(a-s) = a^2 - s^2$$

　　這個等式有時稱為平方差公式。這件古巴比倫藝術品太美了！好啦，以下是你要完成的幾件藝術品。

做一個馬賽克鑲嵌圖案，來證明

代數關係式：$(x+y)^2 = x^2 + 2xy + y^2$。

假設你已經知道兩個數的和與差，

該怎麼找出是哪兩個數？如果已知的

是兩個數的和與乘積，該怎麼找？

讓我們用巴比倫人的方法，來重新描述正五邊形的對角線長度 d。d 與 $d-1$ 的平均是 $d-\frac{1}{2}$，而離散度是 $\frac{1}{2}$，所以

$$d(d-1) = (d-\tfrac{1}{2})^2 - (\tfrac{1}{2})^2$$

現在我們可以把 $d(d-1) = 1$ 這個關係式改寫成

$$(d-\tfrac{1}{2})^2 - (\tfrac{1}{2})^2 = 1$$

也就是

$$(d-\tfrac{1}{2})^2 = \tfrac{5}{4}$$

重點在於，我們現在可用平方根來解開這個方程式，而得到

$$d = \frac{1}{2} + \sqrt{\frac{5}{4}}$$

如果你喜歡，也可以寫成

$$d = \frac{1+\sqrt{5}}{2}$$

這下子，我們用了整數運算與平方根的語言，明確寫出這個數了。

證明：同樣周長的所有矩形之中，

正方形的面積最大。

已知一個等邊三角形，請找出面積與周長

和此三角形都相等的矩形。

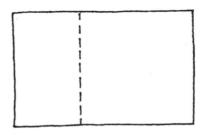

「黃金矩形」的性質是

剪掉一塊正方形之後，剩下的矩形

會和原來的矩形相似。

黃金矩形的長寬之比是多少？

9

　　沒錯，正五邊形的對角線長真的可以用平方根來表示。尤其是，我們很容易從 $d = \frac{1}{2}(1+\sqrt{5})$ 這個式子，看出 d 是個無理數，大約等於 1.618。當然，我們原本也可以直接從 $d(d-1) = 1$，獲知同樣的訊息。事實上，這兩個式子從各方面來看都相同，

說的也是同樣的事情。兩者在數學內容上沒有絲毫差別。

如果比較憤世嫉俗一點，會覺得我們白費工夫了。剛開始我們說「d 是乘上比自己少 1 的數之後會等於 1 的那個數」，結果到頭來，我們的說法變成「d 是平方等於 5 的那個數加 1 之後的一半」，算是有進展嗎？如果與 d 有關的訊息全都在原先的方程式裡，幹嘛要解那個方程式呢？

但另一方面，幹嘛要烘焙麵包呢？我們大可直接把材料吃下肚啊。

做代數的重點不在解方程式；做代數的目的，是讓我們可以依據現況和自己的偏好，遊走於等價的幾個表述之間。就這層意義來說，所有的代數運算是心理上的。數字有各種自我呈現方式，每一種表述都有本身的特質，可以讓我們產生在其他時候也許就不會想到的想法。

舉例來說，$d = \frac{1}{2} + \sqrt{\frac{5}{4}}$ 這個表示式就讓我想到下面的圖形：

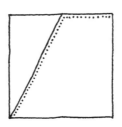

這條路徑由兩段組成，從單位正方形的一個頂點通往它的對角。水平線段的長度為 $\frac{1}{2}$，而斜線段剛好是 $1 \times \frac{1}{2}$ 矩形的對角線。畢氏定理告訴我們，這條對角線的長度是 $\sqrt{\frac{5}{4}}$。這就表

示,五邊形的對角線(這很難度量)和正方形上的這條簡單路
徑一樣長。

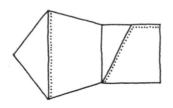

　　這個結論很漂亮,而且完全意想不到。要是沒有把 d 表示
成這個特別的形式,我根本沒辦法猜出這件事。事實上,即使
我猜到了(譬如靠著紙和直尺),但沒有做出 d 的這兩種等價
表示式,我也不可能知道這是否真的就是數學實在的真理之
一,更不用說要去理解為什麼了。當然,假如我用某種辦法推
測出 $d = \frac{1}{2}(1+\sqrt{5})$,要檢查它是否滿足 $d(d-1) = 1$,是很容易
的。像巴比倫人的算法,其實就在讓我們可以用特定的語言把
d 明確表示出來,而不必非得很會猜不可。

　　一般來說,幾何學家的主要任務就是把幾何訊息轉換成代
數訊息,或是反過來。這與其說是技術問題,不如說是創意上
的問題。這當中真正的概念,在於把五邊形切割成相似三角
形。這樣的概念來自何處?你是怎麼創造出這樣的東西?我並
不曉得。數學是一門藝術,具創意的天才是一個謎。技巧當然
能助一臂之力——優秀的畫家懂得光影,優秀的音樂家很熟悉
功能和聲,而優秀的數學家能夠解開代數訊息;但是,要做出
漂亮的數學作品,就像創作美麗的肖像畫或奏鳴曲一樣困難。

正五邊形的面積有多大？

這我也幫不上忙，你得靠自己。你面前擺了一張空白的畫布，而你需要靈感。也許你會找到靈感，也許不會。這就是藝術。

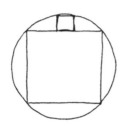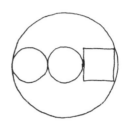

我最愛的其中兩個。

10

那麼圓形呢？沒有別的形狀比圓形更美了。

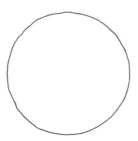

圓形很簡單、對稱、優雅。不過究竟要怎麼度量？再說，要怎麼度量任何一種彎曲的形狀？

說到圓，我們注意到的第一件事會是，圓上的每個點與圓心距離相等。畢竟這正是圓之所以成為圓的原因。這段距離稱為圓的**半徑**（radius）。由於所有的圓有同樣的形狀，所以我們只能從半徑區別出兩個圓是否一樣。

圓的周長叫做**圓周**（circumference）。我們會想去度量的，就是圓的面積與圓周長。

我們先做做逼近。如果我們沿著圓周等間隔放上一些點，然後用線把點連起來，就會作出一個正多邊形。

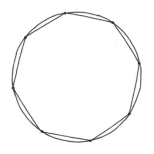

這個多邊形的面積與周長，會小於圓的面積與圓周長，但很接近。假如我們放更多個點，就會更接近。假設我們用了多達 n 個點，就會作出正 n 邊形，面積與周長會與圓的實際面積與圓周長非常接近。重點在於，多邊形的邊數越多，近似值就與圓越接近。

這個正多邊形的面積有多大呢？我們可以把它切成 n 個全等三角形。

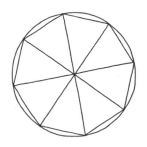 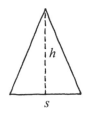

　　每個三角形都與正多邊形的邊長同寬,而三角形的高,是多邊形各邊到圓心的距離。令正多邊形的邊長為 s,各邊到圓心的距離為 h。於是,每個三角形的面積就等於 $\frac{1}{2}hs$ 。這表示多邊形的面積是 $\frac{1}{2}hsn$ 。要注意,sn 其實就是多邊形的周長。所以我們可以說:

$$正多邊形的面積 = \frac{1}{2}hp$$

　　其中的 p 代表周長。這就是用正多邊形的周長,以及圓心到各邊的距離,所描述的正多邊形面積。

　　那麼如果邊數 n 無限增加下去,會發生什麼情況?這時,周長 p 會越來越逼近圓周長 C,而距離 h 也會趨近於半徑 r。這就表示,正多邊形的面積一定會趨近於 $\frac{1}{2}rC$ 。但是,多邊形的面積也會趨近於圓的實際面積 A!因此唯一有可能的結論就是,兩數必定相等:

$$A = \frac{1}{2}rC$$

　　一個圓的面積,剛好等於半徑與圓周長之乘積的一半。

不妨想像成是把圓周拉直變成一條線，這樣就和半徑形成一個直角三角形。

所以，我們剛才得到的公式是在說，圓所占的空間大小，剛好等於這個直角三角形的面積。

在此有件嚴重的事情發生了。我們靠著逼近法，確切描述出一個圓的面積有多大。但重點是，我們做的近似值並不只是少少幾個，而是無窮多個。我們其實做了一連串無止境的近似值，一次比一次接近，而從這些近似值可以看出一種模式，告訴我們最終會趨向什麼結果。換句話說，透露出某種模式的無窮多個「謊言」，竟能告訴我們真理！這可能是人類有史以來獲得的最偉大想法也說不定。

這個了不起的技巧，稱為窮盡法（method of exhaustion），是希臘數學家歐多克索斯（Eudoxus，柏拉圖的學生）在西元前 370 年左右發明出來的。這個方法讓我們可以藉由無窮多個直線逼近，去度量彎曲的形狀。訣竅是，我們要讓所做的近似值呈現出某種模式——如果只是無窮多個隨機數字，那麼什麼訊息都看不出來。光有無窮序列是不夠的，還必須要能解讀才行。

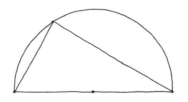

圓上的一點與直徑兩端點的連線
永遠交成直角。為什麼？

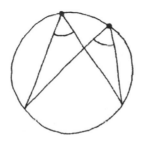

證明：如果圓上的兩個頂點與夾邊對應到同一段
圓弧，所成的這兩個圓周角必定相等。

11

　　在前面，我們用圓周長來描述圓的面積有多大。那圓周長
可以度量出來嗎？如果是正方形，我們自然會去量出周長與邊
長之比，也就是繞一圈的長度與跨距之比。對於一個圓，也可
以這麼做。圓的跨距叫做**直徑**（diameter，也就是半徑的兩

倍）。由正方形類推到圓形，我們要量的就是圓周長與直徑之比。因為所有的圓都彼此相似，因此這個比是固定不變的，以希臘字母 π 來表示。這個數對於圓的涵義，就像 4 對於正方形的涵義。

要取 π 的近似值，並不困難。譬如說，假設我們在一個圓裡放一個正六邊形。

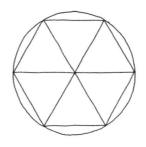

這個內接六邊形的周長，剛好等於直徑的三倍，圓周長又比六邊形的周長來得長一點，所以 π 就比 3 大一點。假如內接多邊形的邊數更多，得到的估計值就更精確。阿基米德（約西元前 250 年）用了一個 96 邊形，估算出 $π \approx \frac{22}{7}$。很多人誤以為這是個精確值，其實不是。π 的實際值比這小一點，較準確的近似值是 $π \approx 3.1416$，而更準確的估計值，是西元五世紀時由中國數學家做出來的 $π \approx \frac{355}{113}$。

π 到底是怎樣的數？很不幸，是壞消息。π 是無理數（蘭伯特在 1768 年證明了此事），所以別想把它寫成兩整數之比。尤其是根本沒有公度單位，可以同時讓直徑與圓周長是整數。

這情況比正方形的對角線還糟。$\sqrt{2}$ 雖然也是無理數，但至

少還能描述成「平方為 2 的那個數」。換句話說，$\sqrt{2}$ 這個數所滿足的關係式，可用整數運算的語言來表達；意思就是，它是可使得 $x^2 = 2$ 的那個數 x。我們雖然說不太出來 $\sqrt{2}$ 是個什麼數，但還是說得出它做了什麼。

π 就完全不是這麼回事。不僅沒辦法寫成分數，π 還不會滿足任何一個代數關係式。π 做了什麼事？啥都沒做。事情就是如此。像這樣的數，叫做**超越數**（transcendental number）。超越數為數眾多，脫離了代數的權力範圍。林德曼（Lindemann）在 1882 年證明了 π 是超越數。我們竟然能知道有這種事，真是了不起的成就。

另一方面，不少數學家也發現 π 的其他描述方法。例如，1674 年萊布尼茲（Leibniz）發現了下面這個公式：

$$\frac{\pi}{4} = 1 - \frac{1}{3} + \frac{1}{5} - \frac{1}{7} + \frac{1}{9} - \frac{1}{11} + \cdots$$

概念就是，右式的項數越多，總和就越接近等號左邊的那個數。所以說，π 可以寫成一個*無窮級數和*。這至少是 π 的純數值描述，而且從哲學的角度來看也十分有意思。更重要的是，這種表示式是我們唯一能獲知的事。

故事說完了。圓周長對直徑的比為 π，我們能做的就此而已。接下來必須擴充我們的語言，把圓周率也納進來。

半徑為 1 的圓，直徑是 2，所以圓周長是 2π。這個圓的面積，等於半徑與圓周長乘積的一半，亦即 π。如果放大 r 倍，也就是半徑為 r 的圓，那麼它的圓周長及面積分別會是

$$C = 2\pi r$$
$$A = \pi r^2$$

　　請注意，第一個方程式幾乎沒什麼內涵；它只是把 π 的定義又再說了一次。第二個方程式就有深度了，而且與我們前面發現的圓面積公式（半徑與圓周長乘積的一半）是等價的。

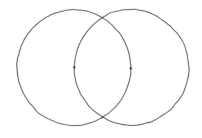

如果讓兩個圓通過彼此的圓心，

兩圓重疊區域的面積與周長各是多少？

若是三個圓相交，又是多少？

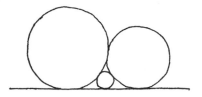

兩個圓在一條直線上，彼此相交於一個點。

有個小圓夾在它們之間並且相切。當兩個大圓

的半徑改變時，小圓的半徑會有怎樣的變化？

12

　　我想繼續談一談窮盡法。這個方法的想法，就是用無窮無盡的逼近，去得到確切的量度，就像我們在前面用無窮多個正多邊形去度量圓形那樣。這是目前為止發明的度量技巧當中，最強大且最靈活的方法。原因在於，這個方法把曲線形狀的量度，簡化為直線形狀的量度。想不到我們竟能精確度量彎曲的形狀，而且還能度量得如此深入而漂亮。

　　且讓我帶你看另一個例子：用窮盡法度量圓柱的體積。

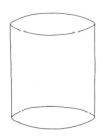

　　圓柱很有趣，既圓又直，像是介於立方體和球體之間。總而言之，圓柱的兩個底面是（等面積的）圓形，一個在上，另一個在下。

　　估算圓柱體積的其中一個方法，是想像把圓柱縱切成許多薄片，然後用長方塊來逼近這些薄片。

　　這些長方塊的長方形底面，可以非常逼近圓柱的底面積。切的薄片越多，長方塊的總體積就越接近圓柱的實際體積，長方形底的面積也越趨近於圓底的實際面積。

　　好啦，每一個長方塊的體積，等於各自的底面積乘以高，因此所有長方塊的體積，就等於底部所有長方形的總面積乘以高。在此我們利用了「所有長方塊的高都相等」這件事。意思就是，圓柱的體積近似值，會等於底面積的近似值乘上高。

　　這個模式已經夠我們解讀圓柱的實際量度。切片的數量越多，就能夠越逼近，而長方形底面積與高的乘積，也越趨近於圓形底面積與高的乘積，以及圓柱的體積。所以兩者必定相等，換句話說，窮盡法奏效了。圓柱的體積就等於底面積乘上高。

　　這讓我想到兩件事。第一，或許你早就知道這個結果了。直觀上不就很容易看出，圓柱所占的空間大小，會與高及底面積成比例嗎？我可不想解釋大家早就知道的事。更何況，把直觀與推理結合起來，這是件好事——也正是數學的本質。

　　第二件事情是，把圓柱切成這樣的長方塊，似乎很難看又不夠自然。在前面我們度量圓形的時候，是把圓切割成排列得

十分對稱的三角形啊。為什麼不沿著中心縱切成三角形楔塊？批評得有理，真的。我用另一個例子來回答這個問題（說得一副我不是提問者似的）。

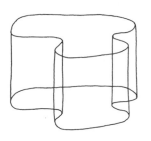

上面這塊立體的製作方式和圓柱相同，只不過上下兩面不再是圓形，而是其他形狀。我們就把這種東西稱呼為**廣義圓柱**吧。在這個例子裡，根本沒有對稱的切法了，所以最好的辦法只有切成長方塊狀。廣義圓柱的體積，仍會等於它的高乘以底面積。我想說的重點是，無論對稱與否，切成長方塊狀都行得通。這個例子也可以讓你清楚看到窮盡法的靈活度。

（廣義）圓柱的表面積要如何度量？

接下來我想帶你看看窮盡法的威力。在前面我們講過伸縮，也就是僅只沿著一個方向拉長某個倍數。有時候我喜歡把它想成是整個平面的變化，就好像拉著一片橡膠的兩側，而畫在平面上的任何一種形狀，就會跟著拉長。假設我們畫了幾個形狀，然後讓這些形狀（水平）伸縮某個倍數。

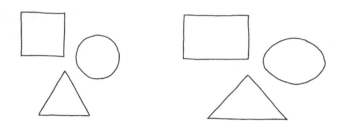

你可以看到這些形狀變形得多麼嚴重。拿正方形來說，就變成了長方形（所以四個邊長也不再全部相等）。另外，正三角形變成等腰三角形，圓形變成完全不一樣的形狀，叫做**橢圓**（ellipse）。

一般來說，伸縮是個很具破壞力的過程，往往會使長度與角度發生嚴重扭曲。特別是，形狀經過伸縮之後的周長，與伸縮之前的周長通常沒有任何數學關係。以橢圓的周長為例，就是個很經典的度量難題，原因正是它和圓周長無關。

另一方面，伸縮卻與面積的變化一致。我們已經曉得伸縮對於面積產生的效應：如果矩形（在平行於其中一邊的方向上）伸縮了某個倍數，它的面積也會乘以該倍率。由窮盡法，我們發現不管是哪種形狀，上述效應同樣適用。若說得更確切些，就假設有某種形狀，我們要讓它沿著某個方向伸縮 r 倍。我們想知道，此形狀的面積也會變成 r 倍。

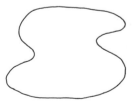

　　概念就是，要把這個形狀沿著伸縮的方向切成長方條，使得長方條的總面積很接近這個形狀的面積。

　　伸縮之後，各個長方條也跟著拉長了，所以它們的面積都要乘以 r 倍。這表示該形狀在伸縮後的近似面積，是伸縮前的 r 倍。我們會發現，如果讓長方條的數量無限增加（這樣一來，它們的寬度會趨近於零），長方條的實際面積必定也會變成 r 倍。在嚴重扭曲變形之後，竟然還能掌握面積如何變化，在我看來實在太不可思議了。

橢圓的面積有多大？

　　同樣的，沿著某方向的伸縮也會讓體積產生相同倍數的變化。知道為什麼嗎？因為長方塊經過伸縮之後，行為仍是規矩的，所以可以如法炮製。當然，我們還是得小心點。比方說，如果一個立體伸縮了 2 倍，它的體積確實會變成 2 倍，但是表面積通常就會失控了。不信的話，你可以拿個立方體來試試！

　　接下來，我要帶你看一個很漂亮的量度（希望這是需要我秀給你看的唯一一種）。我們要度量的是角錐（金字塔）的體積。

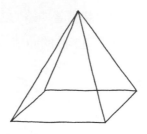

　　我最喜歡的度量方法，是把角錐放進一個等底、等高的方盒；也就是把這個方盒想成是裝著角錐的箱子。

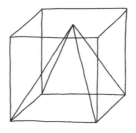

　　你自然而然就會想問：角錐占了方盒的多少體積？這個問題很難回答，也很年代悠久，最早可追溯到古埃及（那當然）。有個（很聰明的）觀察方法可以做為切入點：如果把一個立方體的中心點和八個頂點作連線，就可以把立方體切成角錐。

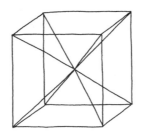

切出來的角錐有六個，因為立方體有六個面。這些角錐全都一模一樣，所以體積等於六分之一個立方體。裝著這樣的角錐的方盒，會是半個立方體，因此這些角錐的體積，就等於箱子體積的三分之一。我認為這是個相當漂亮的論證。

麻煩在於，這只適用於上述形狀的角錐（它的高恰好是底邊長的一半）。大多數的角錐可沒那麼恰到好處，不是太陡，就是太低平。

這是不是代表，我們只能度量特定一種形狀的角錐？當然不是！任何一種角錐其實都可以從上述這種特例，經過適度的伸縮變形出來。想要一個更陡的角錐，我們可以讓它任意上下伸縮，想要多高就拉多高。

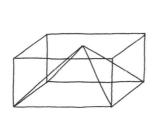 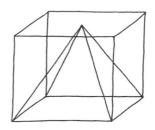

現在要講到我最愛的部分了：伸縮對於角錐體積和方盒體積的影響，完全一樣。兩者都要乘上伸縮倍率。這表示兩者的體積之比保持固定不變。特殊角錐占了方盒的三分之一，那麼任何一個角錐也必定如此。所以，角錐的體積永遠是方盒體積的三分之一。我太喜歡這一連串概念了。看看窮盡法是多麼博大精深呀。

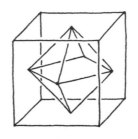

把立方體各面的中心點互相連起來，可以作出

正八面體。它占了立方體多少的體積？

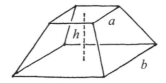

有個不完整的角錐，高度是 h，上底是

邊長為 a 的正方形，下底是邊長為 b 的正方形。

它的體積與 a、b、h 有何關連？

正四面體的中心點在哪裡？

13

接下來，我們來度量圓錐的體積。

希望你和我一樣，覺得這是個美麗又有趣的形狀。當然，要逼近圓錐的體積，需要某種窮盡法，而第一個想到的念頭就是用一疊圓柱薄片。

切片的數目越多，圓柱就越薄，總體積也越接近圓錐的實際體積。我們只需找出這些逼近圓柱的模式，看出方向。

很不幸，這件事沒那麼容易。每片圓柱的體積與半徑有關，而這些圓柱的半徑都不一樣，越往圓錐頂部半徑越小，所以情況有點棘手。事實上，我們會需要一位代數專家，來搞清楚這個行為模式。

你能找出這些逼近圓柱的模式嗎？

　　實際上，窮盡法執行起來可能困難重重。即便形狀相當簡單，也用了頗具條理的逼近方法，但所產生的一連串逼近，呈現出的模式可能太難察覺，讓我們無從預判。說能找出逼近的方向，是一回事，實際去找出來，又是另一回事。要是我們處理的形狀很複雜，就是更不可能的任務了。好啦，這個問題要怎麼解決呢？

　　數學家有一個幾乎公認的美學原則：**最好的解題辦法就是，找出一個根本不必求解的聰明方法**。

　　所以說，我們不打算直接度量圓錐的體積，而是要拿它和另一個已知體積為何的形狀相比——這個形狀就是角錐。

　　想像你眼前有個角錐，高度與底面積都和圓錐相同。概念就是要證明，這兩個形狀的體積也相同。

　　要證明這件事，我們還是要進行切片。這次是同時切圓錐和角錐。

　　圓錐是以一疊圓柱來逼近，而角錐是以一疊長方塊來逼近。如果切得恰到好處，每塊圓柱應該會對應到同樣厚度的長方塊。這些圓柱和長方塊的底面，就會是圓錐和角錐的**截面**（cross-section）。

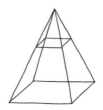

　　你會注意到，我們如此切過圓錐時，頂端也多了一個小圓錐。這個小圓錐的形狀與原來的圓錐完全相同，只是體積較小；換言之，它是大圓錐的縮小版。角錐的情形也是如此。事實上，因為圓錐和角錐同高，小圓錐和小角錐也同高，所以兩個形狀的縮放倍率相同。又因為原來的圓錐與角錐底面積相等，因此兩者的縮小版也必定有相同的底面積。

　　我想強調的重點是，不管從哪個高度切，這一對圓錐和角錐都會有相同的截面積。我想我可以說它們有「相等的截面」，並且要讓你明白，我的意思是指兩者面積相同，而不是指兩截面的形狀要一模一樣。所以，圓錐和角錐有相等的截面。

　　回過頭看體積的逼近，這就表示對應的圓柱和長方塊是等底的。由於它們的厚度也相同，因此體積必定相等。於是，每個小圓柱都和對應的長方塊有相同的體積。特別是，所有圓柱

的總體積必等於所有長方塊的總體積。意思就是，無論切成多少塊，對圓錐和角錐的逼近始終是一致的。

我們切得越薄，這些逼近就會同時趨近於圓錐及角錐的體積。兩者的體積一定完全相等。換句話說，圓錐的體積會等於一個高度相同、底面積相同的角錐的體積。

我最愛的一點就是，我們不必找出這些逼近究竟有什麼模式，而只要知道兩者是同一件事。為了設法避開困難的代數運算，我們精挑細選出另一個形狀來相比。

若要做得更好，我們還可以把圓錐放進一個圓柱裡，就像把角錐放進方盒一樣。

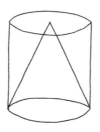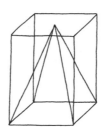

由於圓柱和方盒有相同的底面積與高，所以兩者的體積也必定相同。特別是，圓錐必定占了圓盒體積的三分之一，就和角錐的情形一樣。

圓錐的表面積要如何度量？

你能不能替立方體找一個正六邊形的截面？

好啦，圓錐其實只是冰山一角。這種相比的概念，可以廣

泛應用。任何一種立體都可以用一疊（廣義）圓柱薄片來逼近，而如果兩個像這樣的立體能夠適當地擺在一起，讓它們有相等的截面，窮盡法就可保證它們的體積會相同。

這個歷史悠久的漂亮結果，稱為**卡瓦列里原理**（Cavalieri principle）。（這個方法的原創者是阿基米德，但在 1630 年代由伽利略的學生卡瓦列里重新發現。）它的概念並不是要計算出體積，而是相比；訣竅在於選出合適的比較對象。

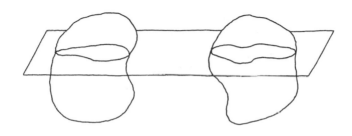

若要應用卡瓦列里原理，相比的兩個立體在擺放時，就必須讓每個水平的平面都能對兩立體截出面積相同的截面。（尤其是，兩立體一定要等高。）這樣就能確保，不管用來逼近的圓柱片切得多薄，兩者的體積都仍然會相等。

還有一件事也很重要：這並不是讓兩個立體等體積的唯一方法。要找體積相同但截面不相等的立體，頗為容易。

很可惜，卡瓦列里原理不適用於表面積。可用來處理體積的圓柱逼近，在遇到要逼近表面積時，就沒那麼好用了。（老實說，這一點相當不容易看出來。）再說，截面相等但表面積不同的立體有一大堆。你能不能找出幾個例子？

你能不能找到兩個截面相等但表面積不相等的立體？

你能不能也替平面上的面積發明一個卡瓦列里原理？

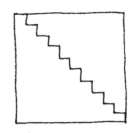

為什麼不能比照此種方式，
利用窮盡法度量正方形的對角線？

卡瓦列里原理的應用很廣泛，其中一個非常簡單的情形，就是兩立體的截面是全等的時候；意思就是，兩截面不僅面積相同，形狀也一模一樣。

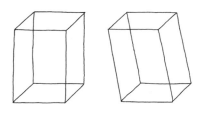

上面這兩個盒子底面相同，高度也相同，但一個是直立的，另一個是歪斜的。如果我們看橫截面，就看得出兩個盒子完全一樣——以同樣的正方形當底面。就好像不同的截面只不過是滑到了新的位置，而形狀保持不變。於是卡瓦列里原理告訴我們：這兩個盒子體積相同。

重點是，只要我們就只讓各截面四處挪移（甚至旋轉），這些截面的面積並不會改變，兩立體的體積也仍會相等。當然啦，並不是正方形有什麼與眾不同之處；對於任何形狀，情況都是如此。

那麼斜角錐或是斜圓錐呢？我們還可以想像某種**廣義圓錐**，以隨便哪種不規則形狀當底面，往上拉到某個高度而成。

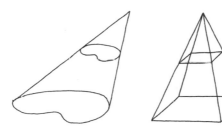

如果我們再造一個角錐，讓它與這個廣義圓錐同底面積且同高，那麼由前面的縮放論證，我們可以推論出對應的截面會相等。這代表的意義就是，任意廣義圓錐的體積，正是相應的廣義圓柱體積的三分之一。

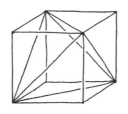

立方體六個面上的對角線，可形成一個正四面體。
它占了立方體多少體積？

柏拉圖立體的體積有多大？

其他的對稱多面體又是何種情況？

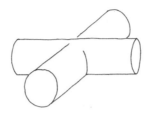

假設兩個全等圓柱垂直相交。

相交處是什麼形狀？體積有多大？

若是三個圓柱兩兩相互垂直，又是什麼情形？

14

卡瓦列里原理最令人嘆為觀止的應用，出現在卡瓦列里誕生之前將近兩千年。這項應用就是阿基米德對於球體體積的度量。

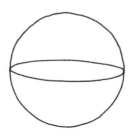

在我看來，這是所能想到最單純、最優雅的形體了。它是完全對稱的——球面上的每一點，都與球心等距離。這段距離叫做球的半徑，就像圓的半徑一樣。

好，整個概念就是建構一個不同的立體，但截面積要和球體相同。如此一來，卡瓦列里原理就會告訴我們，兩者體積相同。當然，我們所選的另一個立體應該要比球體容易估算，否則就毫無意義了。

假設我們的球體半徑為 r。現在就來看看能不能算出各截面的面積。先想像我們從赤道面上方高度 h 處橫切。

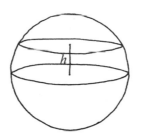

截出的截面是一個圓，令它的半徑為 a。當然，a 的大小，會隨著切的高度而變。如果從中間（高度 h 為零）橫切，截面就是赤道面，半徑 a 會等於球的半徑 r。我們越往上切，h 變大，截面就會變小，而 a 也會變小。最後跑到北極的時候，a 會變為零，此時截面化為一個點。

接下來我們必須知道，截面的面積會如何隨高度而變。幸好這不會太難。

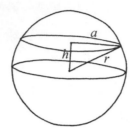

截面圓周上的任何一點，與球心的距離是 r，所以會形成一個斜邊為 r、短邊為 h 的直角三角形。於是畢氏定理告訴我們：

$$a^2 + h^2 = r^2$$

這表示截圓的面積會等於

$$\pi a^2 = \pi(r^2 - h^2)$$
$$= \pi r^2 - \pi h^2$$

這有個漂亮的幾何意義：截圓的面積，就等於半徑分別為 r 及 h 的兩圓的面積之差。換句話說，就是一個環（ring）的面積。

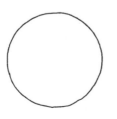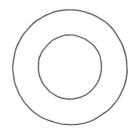

　　截面的高度 h 越大，這個「罐頭鳳梨片」的果肉就越少，因為外圈半徑固定不變，但內圈半徑變大。阿基米德明白，這些環正是從圓柱挖掉一個圓錐後的立體所截的截面。

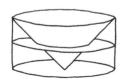

　　圓柱的半徑為 r，高度為 r，圓錐也是一樣。這樣的話，橫切圓錐所截的任何一個截面，半徑就會等於高度，而這也正是鳳梨片的內圈半徑。又因為外圈半徑始終是 r，所以我們知道阿基米德是對的。

　　現在我們可以作一個立體，讓它的截面積與球體相同：只須把兩個挖掉了圓錐的圓柱黏在一起，其中一個對應到上半球，另一個對應下半球。換言之，就是挖掉了一個對頂圓錐的圓柱。

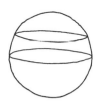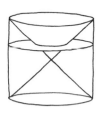

　　由於這兩個立體在每個高度的截面都相同，所以卡瓦列里原理告訴我們：它們的體積一定相等。是不是很棒！

　　重要的是，我們曉得怎麼處理圓錐和圓柱。兩個圓錐合起來的體積，必定占了圓柱體積的三分之一，這是因為每個圓錐

各占了自己那半個圓柱的三分之一。因此,阿基米德所用的立體的體積,是圓柱體積的三分之二。但要注意,這個圓柱的半徑與高度,和球體本身的半徑與高度一樣。所以,就像阿基米德本人當時所做的,我們可以下結論說:球體的體積恰好是其外切圓柱的三分之二。

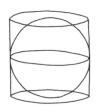

這是量度的極致。如果你希望把球體積寫成球半徑的關係式,當然可以。這樣的話,圓柱體積就會是

$$\pi r^2 \times 2r = 2\pi r^3$$

而半徑為 r 的球體積是 $\frac{4}{3}\pi r^3$。

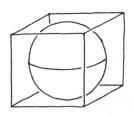

球體占了立方體多少的體積?

會超過一半嗎?

證明：內接於半球的圓錐
占了半球體積的一半。

　　既然手邊有球體，我們就繼續度量它的表面積吧。在前面，我們曾利用正多邊形逼近圓面積與圓周長，現在我想模仿類似的概念，利用多面體來逼近球體。

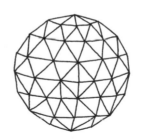

　　到底該怎麼做，其實無所謂，只要我們所用的面越來越小就行了。這可以確保多面體的體積與表面積會接近球體的體積與表面積。為了簡單起見，我們就假設多面體的各面都是三角形。

　　度量這個多面體的體積之前，我們要先把它分割成小塊。如果從球心連線到各面的頂點，我們就有一大堆細長的三角錐。

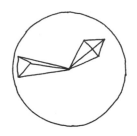

　　這個多面體的體積，會等於全部這些小三角錐的體積之和。這就像前面我們用正多邊形逼近圓的時候，把多邊形切割成許多三角形一樣。

　　現在要講到概念了。這些小三角錐的高度，很接近球半徑 r，所以每個三角錐的體積，大約等於半徑乘上其底面積的三分之一。全部加起來，就是多面體的總體積，大約等於半徑乘以底面積的三分之一。這只是約略，因為小三角錐的高不完全等於半徑，而是越來越趨近。

　　意思就是，球的體積 V 與表面積 S，會恰好滿足 $V = \frac{1}{3}rS$ 這個關係式。如果你願意，也可以把這個關係式和 $V = \frac{4}{3}\pi r^3$ 合起來，變成：

$$S = 4\pi r^2$$

　　這是個漂亮的量度。它告訴我們，球的表面積恰好是其赤道圓面積的四倍。

證明：球的表面積恰好等於其
（外切）圓柱表面積的三分之二。

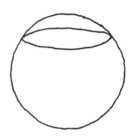

球冠的體積與表面積有多大？

15

接下來我要告訴你一個很漂亮的發現，它是在第四世紀初做出來的，當時已是古典幾何時期的尾聲。當中的概念，最早出現於希臘幾何學家帕普斯（Pappus of Alexandria，西元 320 年前後）的數學著作裡。

首先我得說，要進入這個主題讓我有點惴惴不安，因為它的某些層面相當棘手，我不清楚該如何解釋。（可能有些地方我只能兩手一攤。）

我們從甜甜圈開始談起——呢，我所指的是甜甜圈形狀，不是指甜點。

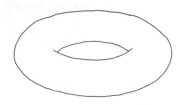

　　到現在為止，我們還不真正需要精確描述出形狀。形狀是由平面上或空間裡的點，以某種簡單、賞心悅目的排列方式組成的。我們可說已經很熟悉球體、圓錐或長方形了。那麼甜甜圈又是什麼樣的形狀？

　　我最喜歡的思考方式，是想像有個圓形繞著空間裡的一條直線旋轉。

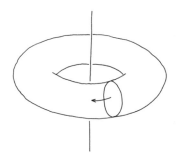

　　這種甜甜圈狀的抽象幾何形狀，叫做**環面**（torus）。所謂的環面，就是指一個圓沿著圓形路徑在空間中移動所構成的軌跡。

　　我認為，像這樣把一個幾何形狀描述成另一個形狀的運動軌跡，是很了不起的想法。這不僅產生了類似環面這種新奇的形狀，也讓我們能夠以新的眼光看待熟悉的事物。譬如立方

體，就可以看成是一個正方形沿著直線路徑運動的軌跡。

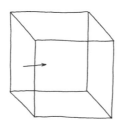

偶爾我喜歡假裝正方形是一隻史前動物，在數百萬年前沿著這條路徑爬行，於是立方體就是牠奮力爬行的「化石紀錄」。我想到的另一個畫面則是雪地裡的足跡。長方形正是一根棍子側向移動留下的「足跡」。

重點是，許多漂亮的形狀可以視為某種運動的結果。

你能不能想出兩種把圓柱體解釋成運動軌跡的方式？

問題是，以這種方式來解釋一個形狀，對於度量是否有任何幫助。描述與量度之間的關係，是幾何學上一再出現的主題。物件的量度會如何隨著描述方式的不同而改變？

尤其，一個物件如果是某個更簡單形狀的運動軌跡，它的量度與這個簡單形狀及其移動方式，究竟有何關係？這是一千

六百年前帕普斯提出的問題，而我想要解釋的，正是他的偉大
發現。

我就從我們在前面看過的鳳梨片開始好了。

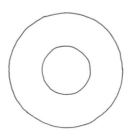

我們現在所講的，是夾在兩個同心圓之間的空間。這種區
域叫做**環形**（annulus）。對於這個形狀，我們很自然會想成是
中間去掉了一個小圓的圓形區域。

另一方面，環形也可以看成一根棍子沿圓形路徑運動所掃
出的形狀，就像鏟雪車繞著一棵樹鏟完雪的結果。

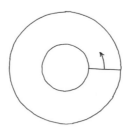

假如棍子（或鏟雪車）是直線行進，當然就會掃出一個矩
形。現在我們就能把環形與矩形，視為與同一個概念有關連的
不同面貌——此概念就是「由棍棒的運動所形成的形狀」。這
很有意思，因為環形與矩形在幾何上大不相同。譬如說，如果

你試圖把矩形彎成一個環形，可能不會太順利；內圈的邊會扭曲變形，而外圈的邊會扯破。這情景不大妙。

與環形和矩形有關的有趣問題，就是該如何比較兩者的面積。假設我們手邊有根棍子，讓它繞著圓形路徑掃一圈，構成一個環形。那麼需要多長的直線路徑，才能夠掃出同樣的面積？這正是帕普斯想知道的事情。

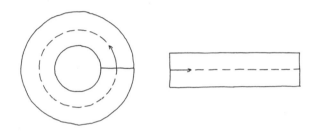

如果預期正確答案介於環的內、外圓周長之間，這很合理。最自然的猜測是兩圓周長的中間值。我們就假設可以特別安排，讓矩形的長度剛好等於這個「平均」圓周長。那麼兩者的面積一定相符嗎？

結果真的相同。事實上，還有個好方法可以看出這件事，這個方法關連到巴比倫的平方差公式 $x^2 - y^2 = (x + y)(x - y)$。

概念如下。這個環形完全由內、外圓的半徑來決定。令外圓半徑為 R，內圓半徑為 r。當我們把這個環形想成兩圓的差，它的面積就會等於 $\pi R^2 - \pi r^2$。

對於矩形，我們需要知道棍子的長度以及路徑長。棍子的長度很容易，就是 $R - r$。知道為什麼嗎？而通過環形中央的

圓，它的半徑是內、外圓半徑的平均，所以就此意義來說確實是平均值。換句話說，中間圓的半徑是 $\frac{1}{2}(R+r)$。

由於圓周長永遠是 2π 乘以半徑，因此路徑長（連同矩形的長度）必為

$$2\pi \times \frac{1}{2}(R+r) = \pi(R+r)$$

最後，矩形的面積等於長寬的乘積，也就是

$$\pi(R+r)(R-r) = \pi(R^2 - r^2)$$
$$= \pi R^2 - \pi r^2$$

恰好是環形的面積。我很喜歡代數與幾何像這樣互相連結起來。屬於代數的平方差公式，由環與矩形的幾何等價關係呈現出來。

不妨把中間的圓形，想成是棍子中心點的移動軌跡。換句話說，**中心點**行進的距離才是重點。具體來說，我們已經發現，如果棍子的中心點沿著圓形路徑移動一段長度，所掃出的面積會和沿著直線路徑時的面積相同。不管是直線還是圓形路徑，掃出的面積都等於棍子長度與路徑長的乘積。

這個例子正說明了描述（把環形描述成棍子的移動）對於量度（棍子和路徑很巧妙地決定了面積）的影響。就像我先前講過的，幾何學討論的正是描述與量度之間的關係。

這個例子還可以進一步延伸。假設我們是沿著任意路徑推棍子（的中心點）。

　　這樣我們仍然會得出同樣的結果嗎？我們仍能說，所掃出區域的面積會和直線路徑的情形相同？面積就等於棍長與路徑長的乘積嗎？或者，我們太得寸進尺了？

　　實際上，不管路徑是何形狀，上述的結果都是對的。看我能不能解釋一下為什麼如此。首先可以觀察到，這個結果也適用於圓弧（整個圓的局部）路徑。

　　這是因為，弧長及所掃出的面積，都會與整個環形的弧長及所掃面積成比例。特別是，對於環形「小段」和非常細的矩形，此結果也會成立。概念就是，把這些小碎片拼組成更複雜的形狀。

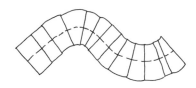

　　棍子中心點的各種移動軌跡，合起來就構成了一條大的路徑，細部來看是由許多圓弧線段及直線段組成。我們還可以經

由適當的安排，讓所做出的路徑盡可能接近我們想達成的路徑形狀。

特別是，我們可以（透過這樣的無窮逼近）讓路徑的總長度，接近我們所想的路徑的長度，而組成小段的總面積，也會接近我們所想的區域的實際面積。由於面積近似值是棍長與路徑長的乘積，且逼近做得越好時，這仍是對的，因此對於我們所想的實際區域，這必然也是對的。窮盡法又幫了大忙。

這正是第一個例子，可說明帕普斯發現的結果適用範圍廣泛：移動棍子而掃出的區域面積，就等於棍長乘上棍子中心點的移動距離。

但有幾個微妙的細節。第一點是，棍子必須隨時與運動方向保持垂直。如果成一個角度斜著推棍子，情況會變得一團糟。

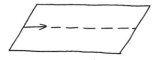

舉例來說，對於歪斜的矩形，帕普斯定理就束手無策了。因為形狀是由小片的環與矩形組成（至少大致上是），而在這些小片上棍子和路徑始終成直角，因此垂直運動是這個方法可處理的唯一一種移動方式。垂直運動正是帕普斯哲學的重要元素之一。

第二個問題是自相交的情形。

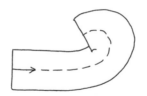

如果路徑彎得太劇烈，部分區域就會重複掃過，重疊處的面積也會重複計算。只要保持垂直，並防止急轉彎，就一切順利。

由移動的棍子所掃出的區域周長是多少？

16

好啦，甜甜圈又是什麼情形？既然環面可描述成一個圓沿著圓形路徑的運動軌跡，我們當然也會想瞧一瞧，這個圓沿著直線路徑移動所成的軌跡，也就是圓柱。

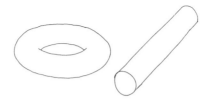

但這一次，鏟雪車是個圓形。說得更精確些，它其實是一整個**圓盤**（disk），也就是一個內部填滿的圓。（習慣上，我們用圓這個字代表那條曲線，而以圓盤一詞代表曲線包圍出的區

域。）所以，就是要把一個圓盤推過一大團積雪，同時造出一個環面和一個圓柱。

問題是，圓柱應該要多長，圍出的體積才會和環面相同？要注意的是，圓盤繞著環面移動時，圓盤上的各點會在空間中形成圓形軌跡，這些軌跡的長度各不相同。哪一個會和圓柱長度相等？

根據前面處理環的經驗，我們知道可以考慮平均值。換言之，就是由圓盤中心所描述的那條路徑。

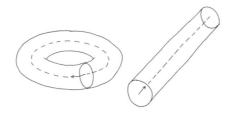

假設我們動點手腳，讓圓柱長度與這個通過環面的中心圓圈的長度相符。接著，讓這個圓盤分別以直線和圓形路徑，移動同樣的距離。兩種方式圍出的體積一定相等嗎？

事實上，的確相等。我來告訴你怎麼看出這件事，這個漂亮的方法用到了卡瓦列里原理。請想像你把這兩個立體橫切。

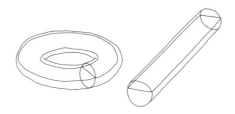

　　圓柱的截面不難想像，就是矩形，長度全都一樣，即圓柱長，但寬度則依橫切的高度而定。實際上，我們可以從圓柱的底面，看出截面的寬度：就是在那個橫切高度上與圓盤截出的長度。

　　環面的截面就稍微複雜些；這些截面是環。橫切的高度不同，內、外圈的大小也會跟著改變。但另一方面，這些環的中心圓圈完全不變，這是因為圓形有對稱性，所以對圓盤的橫切都會向中看齊。因此，通過這些環中心的長度全都相等。

　　這代表的意義是，環面與圓柱的橫截面很容易相互比較。如果從同樣的高度橫切，切出的環形及矩形會有相同的長寬，而且面積一定會相等。既然不管我們在哪個位置切，結果都是如此，那麼由卡瓦列里原理，就可知道兩者的體積也會相等。

　　我們證明了，（由一圓盤沿著圓形路徑移動所形成的）環面的體積就等於圓盤的面積乘以路徑長。因此，如果取一個半徑為 a 的圓，讓圓心沿著另一個半徑為 b 的圓移動，我們會得到一個環面，它的體積等於

$$V = \pi a^2 \times 2\pi b$$

　　這個漂亮的例子說明了帕普斯的哲學，中心點的概念再一次發揮了重要作用。還要注意一點，圓盤移動時也需隨時與行進方向保持垂直。

　　就像前面一樣，我們可以利用許多小段的環面及圓柱做逼近，把這個結果推廣到空間中的任意路徑。如此一來，（圓盤

沿著穿過其圓心的路徑垂直運動所成的）任何一個立體的體積，就會等於圓盤的面積乘以路徑長。

　　但帕普斯採取了一個奇特的步驟，是用任意平面圖形取代圓盤，把它進一步推廣。

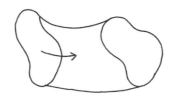

　　我們來想像一塊平坦區域，它有固定的形狀，而且以垂直於運動方向的模樣在空間中移動。這樣會建構出某種看起來很好笑的立體。帕普斯發現，即使是這樣的怪東西，它的體積仍然遵循同樣的模式：等於原始區域的面積乘上特定路徑的長度。所謂的路徑，當然是指區域上的平均點所走的路徑。不過，平均點又是指什麼呢？

　　像圓形或正方形這樣的對稱形狀，這個點顯然就是中心點。那非對稱區域的中心在哪裡？

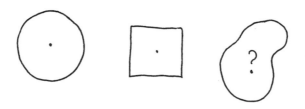

　　有個方法可以定義各種形狀的中心，它甚至有個很棒的物理描述：如果你的手指所放的位置能讓物體保持平衡，那個位

置就是該物體的中心。每個形狀都只有一個中心點,稱為**形心**（centroid,相當於物理上的質量中心）。幾何學家要解決的問題,就是靠著純抽象思考去解讀這個概念,因為幾何物件是我們想像出來的,不帶有任何實際的質量或平衡能力。令人讚嘆的是,我們竟然辦到了,但這不容易解釋清楚。我想我就把它寫成一個開放式的問題,留給你好好研究:

> 幾何形狀的中心（形心）應該怎麼定義？我們能不能
> 在帕普斯定理成立的情況下,定義什麼是形心？

總而言之,每個幾何物件都有一個形心,而帕普斯的偉大發現就是:由平面圖形的運動軌跡所描述的立體,體積會等於該圖形的面積乘上其形心移動的路徑長。（當然,這個平面圖形要與運動方向保持垂直,而且不能有急轉彎,造成自相交的情形。）要注意,我們在前面由棍子運動軌跡導出的發現,與這個一般原則完全一致;棍子的形心恰好就是它的中點。

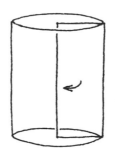

請你證明:帕普斯定理適用於矩形旋轉所成的圓柱。

　　最後，我們來談表面積。環面的表面積要怎麼度量？這次我們只對甜甜圈的外皮感興趣。環面的表面並非整個圓盤的軌跡，而是圓圈本身的軌跡。換句話說，我們要度量的表面，是由圓上各點的環繞軌跡來描述的。

　　我們會發現，這次又和直線運動的情形一模一樣。環面的表面積，會等於運動圓圈的圓周長與中心路徑長度的乘積。因此，我們之前所看的那個環面的表面積，就是

$$S = 2\pi a \times 2\pi b$$

　　一般而言，由一個平面圖形移動軌跡所成的立體，其表面積會等於該圖形的周長乘上特定一點的移動路徑長。（也就是假設此形狀在移動的途中不會旋轉。）不過，現在我們要看的是周邊上的形心，圖形本身的中心變得不重要了。

　　以圓形這類對稱形狀來說，這兩種中心是同一個，但一般的情形並非如此。你可以想像兩個由相同平面形狀做成的實物模型。其中一個是實心金屬，另一個有金屬框，內部則是以很輕的材料來填充。這兩個模型的平衡點，就不一定是同一點。這感覺起來也是個值得研究的題目：

周邊上的形心該怎麼定義？

　　我希望這不會讓你太過洩氣。這些概念滿艱深的，也不好解釋。我只是想帶你淺嚐一下，因為這些概念實在太美了。

如果讓一個直角三角形旋轉，可形成一個圓錐。
假設帕普斯是對的，那麼這個直角三角形
的形心一定會在哪裡？

你能不能找到半圓形的形心？
半圓圓周上的形心又在哪裡呢？

17

到目前為止，我們討論的形狀，像正方形、圓形、圓柱等等，其實很特殊，都是簡單且對稱的形狀，而且很容易描述。換言之，都是漂亮的形狀。實際上，我會說這些形狀漂亮，只是因為它們容易描述；看起來最順眼的形狀，往往只需要最少的文字說明。就像其他的數學分支一樣，在幾何學上，簡單就是美。

但萬一碰到比較複雜的不規則形狀怎麼辦？我認為我們也得要看看它們，畢竟大多數的形狀都沒那麼簡單漂亮。如果把

注意力限制在最優雅的事物上，肯定會錯過最重要的事情。

我們以多邊形為例。到目前為止，我們討論過的幾乎只有正多邊形（所有邊長及所有角都相等的多邊形）。這種多邊形當然最漂亮，但是還有許多其他類型的多邊形。底下這個多邊形就沒那麼規則。

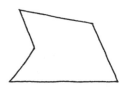

像這樣的多邊形，當然比正多邊形複雜，而我們也必須付出代價。這項代價就是技術細節提高了──棘手的形狀，變得很難描述。不過，我們需要某種方法，確切指出我們究竟在談哪種多邊形。在度量或傳達概念的時候，可不能只用「那個長得像帽子的東西」這樣的形容詞，去描述一個形狀。

要指稱特定的多邊形，最自然的方法就是（按正確的順序）列出所有的角與邊長。這個資訊就像藍圖，能夠精確定出我們所指的是哪種多邊形。

如果你願意，我們也能把一個多邊形想成是由距離與轉彎組成的序列，就好像我們沿著它的周邊走一圈。

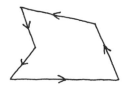

沿著外緣的這幾個轉彎，加起來是一整圈。當然啦，我們得留意左轉和右轉是正負號相反的。譬如我們如果是逆時針走，左轉就該記為正，右轉記為負，於是總和就會是（逆時針方向的）完整一圈。

一個多邊形的內角加起來是多少？

無論選了哪種方法描述不規則多邊形，我們終究會遇到度量的問題。例如，我們要怎麼判斷，像這樣描述成各角與邊長的多邊形的面積有多大？

更糟的是，這種方式描述出來的形狀可能根本稱不上多邊形。譬如說，有可能中途就自我相交，或是最後沒辦法閉合。

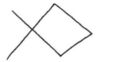 

碰到這種形狀，該怎麼辦？也把這些形狀稱為多邊形嗎？我們希望多邊形一詞代表什麼意義？當然，這只是名詞上的問題；問題不在於哪個正確，而是哪個方便。

假定我們擴充了多邊形的字義，把這些新的形狀也包含進來。這麼做至少有個優點：每一個邊長與角的序列都做出了多邊形。我們就把最後會閉合的多邊形，稱為**封閉**（closed）多邊形，而把始終沒有自我相交的多邊形，叫做**簡單**（simple）多邊形。於是，我們習慣上所說的多邊形，就稱為簡單封閉多邊形。

124

好啦，現在我們有個好玩的問題是：由邊與角的序列所描述的多邊形，要怎麼判斷它是簡單或封閉呢？

在此有個重點是，角與邊並非彼此無關——兩者之間有個不易察覺的關連。比方說，假如我們希望一個多邊形是封閉的，哪些邊長與角可以採用就會受到限制。

如果一個簡單封閉四邊形的所有角都是直角，
邊長必須符合什麼條件？

處理多邊形最好的辦法，通常是把多邊形切割開來，這叫做多邊形的**分割**（dissection）。特別是，我們永遠有辦法把一個多邊形分割成許多三角形。

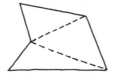

這可以讓任何一個和多邊形有關的問題，化約成（可能是很大）一組三角形問題。例如，一個簡單封閉多邊形的面積，就會是它的分割三角形的面積和。想要理解多邊形，就只需要理解最簡單的多邊形：即三角形。這太好了！反正我更樂於思考三角形；三角形比較簡單，而越簡單的，就越好。

請列出一個邊長與轉彎的序列。為了判斷
你的這個多邊形是否為封閉多邊形，
你需要解決哪些三角形問題？

只知道一個三角形的各邊中點，是否足以
重新作出這個三角形？那麼四邊形呢？

18

研究三角形的數學分支稱為**三角學**（trigonometry）。三角學的問題就是在找出三角形的各種量度，即角、邊長、面積之間的相互關係。譬如說，三角形的面積會如何隨著邊長而變？邊與角有何關係？

首先你會注意到，三角形完全由邊來決定。如果你告訴我三邊長，我馬上就知道你說的是哪種三角形。不同於其他的多邊形，三角形不會搖擺不定。

隨便三個長度都能構成三角形嗎？

假定有個三角形，三邊長為 a、b、c（當然是以某個適當的單位度量出來的）。

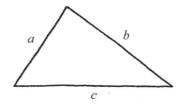

這個三角形的面積是多少？不管面積多大，都一定只和

a、b、c 有關,因為邊決定了獨一無二的三角形,也就決定了它的面積。例如,周長是三邊長的和 $a + b + c$,那麼面積有沒有類似的代數描述呢?如果有,那是什麼樣子呢?更重要的是,要怎麼樣找出來?

第一步,我們很自然會從三角形的頂角往下畫一條垂線,連到底邊。

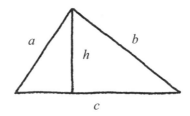

令這個高為 h。於是三角形的面積 A 就能寫成

$$A = \frac{1}{2}ch$$

這樣一來,我們的問題就變成:高 h 要如何用邊長 a、b、c 來表示。

在開始之前,我想先給大家一個概括的方向。我們的題目,是求已知三邊長的三角形面積。就三個邊被賦予的意義來說,這個問題是全然對稱的;沒有哪條邊是「特殊」的。尤其是題目本身並沒有牽涉到底邊,從代數的角度來看,這就意味著,不管我們最後求出的面積公式是何模樣,a、b、c 三個符號的意義都必須是對稱的。譬如說,如果我們要把 a 和 b 互換,這個公式仍要保持不變。

還有一件事需要留意。由於面積會受到縮放的影響，因此我們求出的面積公式一定是**二次齊次式**，意思就是，假如 a、b、c 三個符號換成縮放了 r 倍的 ra、rb、rc，結果一定是讓整個公式乘以 r^2。所以說，我們求出的面積公式，會是 a、b、c 三者的代數組合，而且是對稱、齊次的。例如，它看起來可能會像這樣：$A = a^2 + b^2 + c^2$。但很不幸，事情不會這麼簡單。我們就來看看實際會發生什麼狀況。

注意看高把底邊 c 分成怎樣的兩半。令這兩半為 x 和 y。原來的三角形切成兩個直角三角形。

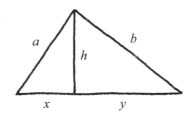

現在我們可以運用畢氏定理，寫出 x、y、h 之間的關係，希望這樣就能幫助我們找出答案。我們可以寫出

$$x + y = c$$
$$x^2 + h^2 = a^2$$
$$y^2 + h^2 = b^2$$

這看上去有點像字母湯。有這麼多字母和符號飛舞其間，所以我們特別要記清楚每一個的意義和身分。在這裡，a、b、c 是指原三角形的邊長，照理說我們從一開始就知道這三個數

了。等號左邊的符號 x、y、h 則是未知數,它們的值目前還是個謎。我們必須解開這個謎,利用某種方法拆解上面的三個方程式,求出 x、y、h 的值,而這些值要以 a、b、c 來表示。

一般來說,這種題目幾乎一定能解,只要有夠多的方程式。經驗法則是,方程式的數目至少要和未知數一樣多(不過這不是百分之百保證)。上面的例子裡,方程式和未知數都有三個,所以我們有可能解出這些方程式。當然啦,並沒有任何經驗法則可以告訴你怎麼解方程式;這就要靠代數技巧了。

首先要找出 x 和 y。請你試試看能不能把上面的方程式重組成

$$x = \frac{c}{2} + \frac{a^2 - b^2}{2c}$$

$$y = \frac{c}{2} - \frac{a^2 - b^2}{2c}$$

從這個結果,我們可以得知三角形底邊的分割方式——高的垂足與底邊的中點,兩者的距離為 $(a^2 - b^2)/2c$ 個單位。垂足會落在底邊中點的左側或是右側,得看 a 和 b 哪個較大。

第二個步驟是找出高 h。從 h 在方程式裡的模樣看來,改求 h^2 會稍微容易些。為了讓事情更好辦,我們其實可以把 x 改寫成 $(c^2 + a^2 - b^2)/2c$,再代入方程式 $x^2 + h^2 = a^2$,就能得到

$$h^2 = a^2 - x^2$$

$$= a^2 - (\frac{c^2 + a^2 - b^2}{2c})^2$$

　　請注意這個式子的不對稱性。部分原因是，我們選了 c 當底邊以及 h 為高，因此 c 就和 a、b 有別（我們也只用到了 x 和 h 的關係式，而沒用含 y 的那個式子）。

　　現在我們可以求面積 A 了。同樣的，改求 A^2 會更容易。面積的算式是 $A = \frac{1}{2}ch$，所以

$$A^2 = \frac{1}{4}c^2h^2$$
$$= \frac{1}{4}c^2a^2 - \frac{1}{4}c^2\left(\frac{c^2+a^2-b^2}{2c}\right)^2$$

　　看起來不妙。我們雖然成功度量出三角形的面積，不過這個值的代數形式毫無美感可言。第一，它不對稱；第二，它很難看。我就是不相信，像三角形面積這麼渾然天成的東西，用邊長來表示時竟然長得這麼荒謬！一定有辦法把這個怪模怪樣的式子，重寫成比較賞心悅目的形式。

　　首先可能會注意到，整個式子可以寫成兩個平方數的差，也就是

$$A^2 = \left(\frac{ac}{2}\right)^2 - \left(\frac{c^2+a^2-b^2}{4}\right)^2$$

　　為了簡化，我們把等號的兩邊同乘以 16，消掉累贅的分母，於是就得到

$$16A^2 = (2ac)^2 - (c^2+a^2-b^2)^2$$

　　這可是一大進展。好啦，利用平方差公式，可以再把它

（很巧妙地）改寫成

$$16A^2 = \left(2ac + (c^2 + a^2 - b^2)\right)\left(2ac - (c^2 + a^2 - b^2)\right)$$
$$= \left((a^2 + 2ac + c^2) - b^2\right)\left(b^2 - (a^2 - 2ac + c^2)\right)$$
$$= \left((a+c)^2 - b^2\right)\left(b^2 - (a-c)^2\right)$$

得到的結果又是平方差，這表示還可以繼續化簡，變成

$$16A^2 = (a+c+b)(a+c-b)(b+a-c)(b-a+c)$$

現在比較像樣了！終於顯現出對稱性，而且帶有十分漂亮的模式。

當然，我們並沒有改變任何數學內容。以上這些方程式，全都在講面積如何隨邊長變化，內容也一模一樣——代數運算並未改變兩者間的關係。發生改變的，只有它和我們之間的關係。是我們自己想把獲知的資訊，重組成更具有美學意義的樣貌。三角形才不在乎呢，它只顧著盡好本分，不管我們怎麼描述它。代數實際上與心理學有關；它不會影響事實，只影響我們與事實的關係。另一方面，數學談的不僅是真理，更是美麗的真理；光找出一個三角形面積公式是不夠的，我們還希望找到漂亮的公式。現在我們就找到了一個。

最後一步是求出面積 A，只需把剛才的式子除以 16，再取平方根。要注意，由於是四個項的乘積，除以 16 就相當於是把每一項除以 2。因此，我們的面積公式變成

$$A = \sqrt{\frac{a+c+b}{2} \cdot \frac{a+c-b}{2} \cdot \frac{b+a-c}{2} \cdot \frac{b-a+c}{2}}$$

我承認這看上去非常複雜。不過先別急著評論,而是要記住一件事:我們可以利用這個公式算出任何一個三角形的面積,不論它是哪種大小或類型的三角形。這是了不起的成就。能夠找到代數關係式,已經值得慶幸了,更別說是找到形式這麼簡單的邊長關係式。就功能而言,這個公式真的相當簡潔。

事實上,如果我們引入一個簡便的縮寫,也就是令 $s = \frac{1}{2}(a+b+c)$,這個公式還可以進一步化簡。這個 s,代表三角形的半個周長。如此一來,面積就可以寫成

$$A = \sqrt{s(s-a)(s-b)(s-c)}$$

這個漂亮的公式最早出現在希臘數學家海龍(Heron of Alexandria,約西元 60 年前後)的著作裡,因此通常稱為**海龍公式**(它的年代其實比海龍要早,很可能阿基米德已經熟知這個公式了)。當然,古典幾何學家處理這個問題時,想必不會採取我們所用的方法;古希臘時代的風格是幾乎不用代數的。我會想這麼做,是因為這樣比較容易理解,而且可以說明代數與幾何的相互影響。

無論如何,我們現在找到了可求出任何三角形面積的方法:只要取三邊長,丟進海龍公式,面積就會蹦出來。舉例來說,邊長為 3、5、6 的三角形,面積會等於 $\sqrt{56}$。

你能不能找到同面積、同周長的兩個不同三角形?

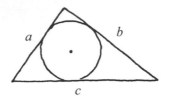

若一個三角形的邊長為 *a*、*b*、*c*，

其內接圓的半徑是多少？

19

幾何學上最基礎的問題，就是長度與角度的關係。例如，假定我們行進了一段距離，轉了某個角度，再走一段距離。現在我們離起點有多遠？

這個題目的另一種思考方法，是想像兩根木棍在其中一端相接。

如果把木棍拉開，讓夾角變大，木棍的末端會越離越遠；把木棍夾緊，末端會越靠越近。木棍的夾角與兩末端的距離，究竟有何關係？這大概是幾何學裡最基礎的問題了。

我們當然可以把這個問題看成三角形的問題。就本質來說，我們其實是在問：三角形的邊長如何隨著它的對角而變。

也許現在該替三角形引進一套方便好用的符號標記了。概念是要用小寫字母 a、b、c 代表邊長，大寫字母 A、B、C 代表各邊的對角。

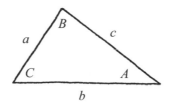

這麼做的目的，是方便我們記住哪個角對應到哪條邊。（當然，我們的想法不會隨著標記而改變，不過標記的方式往往會影響溝通上的困難與否。）

所以我們的問題就變成：如果已知三角形的兩邊長 a 和 b，第三個邊長 c 與角 C 之間有何關係？

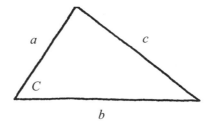

當 C 為直角，由畢氏定理就可得知 $c^2 = a^2 + b^2$。萬一 C 不是直角呢？會發生什麼事？

我們先假定 C 小於直角。要找出 c 的長度，通常我們會畫一條垂線，讓 c 變成直角三角形的**斜邊**（hypotenuse）。

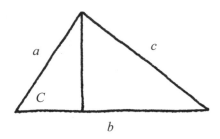

事實上，度量長度唯一的可能方法，就是想辦法和直角三角形扯上關係。畢氏定理之所以重要，原因就在於此。

事實上還有一個度量長度的方法，先前我們用它
來度量正五邊形的對角線。是什麼方法？

跟前面的做法一樣，我們把這條垂線稱為高 h，把底邊的兩半稱為 x 和 y。

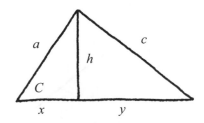

畢氏定理就會告訴我們

$$c^2 = y^2 + h^2$$

當然，我們所找的關係式，要能告訴我們 c 會隨著 a、b 和角 C 而有怎樣的變化。因為 $x^2 + h^2 = a^2$，$x + y = b$，上式中的 h^2 就可以換成 $a^2 - x^2$，而把 $b - x$ 代入 y，而得到

$$c^2 = (b - x)^2 + a^2 - x^2$$
$$= a^2 + b^2 - 2bx$$

注意看這個方程式和畢氏定理的相似處—— $2bx$ 這一項必為某種修正項，代表角 C 偏離直角的程度。我們應該把這個公式視為廣義的畢氏定理，對直角以外的任意角度也都適用。

當然，這個式子現在的形式不盡如人意，有兩個最顯而易見的原因：一是 a 和 b 欠缺對稱性（應該要是對稱的），另一則是角 C 並沒有出現在式子裡。從本質來看，這個問題現在變成求解 x 這個長度了。

我們仔細看一下這個含 x、a 及角 C 的直角三角形。

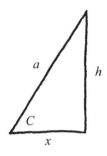

你可以看到，這個三角形全是由角 C 與斜邊 a 所定出來

的。事實上，單單角 C 就能定出這個三角形的形狀。這是因為三角形的三內角和一定會等於半圈；知道了直角三角形的一個角，自然就會知道另一個角。

特別是，這代表我們的三角形其實是一角為 C、斜邊長為 1 的直角三角形的縮放版（比例是 a 倍）。

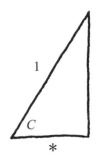

所以若想求 x，我們就只要把＊號標示的邊的邊長乘以 a 倍。於是，$x = a*$，而前面的第三邊公式就變成

$$c^2 = a^2 + b^2 - 2ab*$$

重點是，邊長＊只與角 C 有關，而與 a、b 兩邊無關。我們的方程式現在是對稱的了，而且透露出 c 與另外兩邊的關連。剩下來要做的事，就是釐清＊與角 C 的關係。請注意，這個問題只牽涉到這個直角三角形，而與最初我們所看的三角形無關。

有趣的事情發生了。我們本來的問題是在處理一般的三角形，現在已經變成圍繞著特殊直角三角形的問題。但這也正符合一個普遍的模式：把多邊形化約為三角形，再把三角形化約

為直角三角形。把直角三角形全盤搞清楚之後，多邊形也就可以掌握了。

　　現在，我們的基本問題如下：有一個直角三角形，已知其中一角，而且斜邊長為 1。它另外兩邊的邊長是多少？

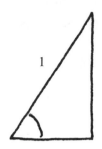

　　有時候我們把直角三角形的兩短邊稱為股。在上面這個問題裡，兩股的長度只與已知的角有關。此角的對邊，通常叫做該角的**正弦**（sine），而該角的鄰邊叫做此角的**餘弦**（cosine）。我想我的意思是，正弦和餘弦是兩股的長度，而不是兩股的本身。（當然，我們從開始就一直避談這種區別，現在幹嘛要擔這個心呢！）

　　我們也可以把正弦和餘弦想成比例。

一個角的正弦，會等於對邊對斜邊之比，而餘弦是鄰邊對斜邊之比。不論斜邊長是否為單位長度，都是如此；角度決定了直角三角形的形狀，而這兩個比例與縮放無關。

直角三角形兩個角的正弦與餘弦，
有何相互關係？

總之結果就是，每個角都有對應的正弦和餘弦，而且這兩個數值取決於角的大小。若 C 是一角度，我們習慣把它的正弦值寫成 sin C，把餘弦值寫成 cos C。有了這個術語，前面的公式現在就變成：

$$c^2 = a^2 + b^2 - 2ab \cos C$$

這就是我們要找的廣義畢氏定理，它告訴我們如何從三角形的兩邊及其夾角求出第三邊。當然，這其實是把問題轉化成直角三角形的情形。我們仍然要找出已知夾角的餘弦。還有，我們一開始也假設角 C 小於直角。萬一它是鈍角怎麼辦？

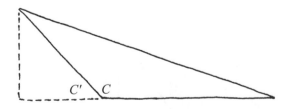

我們當然還是可以畫出同樣的垂線，只不過這次垂線落在三角形的外面，在原來的角 C 旁邊構成了新的角 C'。

請證明：在這個情況下，我們的公式會是
$$c^2 = a^2 + b^2 + 2ab \cos C'\text{。}$$

所以，適用於鈍角的畢氏定理和用於銳角的公式大致相同，唯一的不同處就是，把扣掉修正項 $2ab \cos C$，改成加上 $2ab \cos C'$。

看來我們現在有三個不同的情況（各有一個公式），取決於角 C 是銳角、直角還是鈍角。這種事總是有那麼一點討厭：畢竟一端相接的兩根木棍可以順暢開合，而末端點之間的距離會呈連續變化。難道不該有個簡單而美好的模式嗎？

接下來有個做法，就是要巧妙運用餘弦的定義。由於（目前）$\cos C$ 要在 C 是銳角時才有意義，所以要替 C 是鈍角時的餘弦，賦予我們所希望的意義。想法就是，要讓 $c^2 = a^2 + b^2 - 2ab \cos C$ 這個廣義畢氏定理，在三種情況下都依然有效；也就是說，要讓模式來決定我們對於意義的選擇。數學這門學問就圍繞著這個主題；我們甚至可以說，這是這門藝術的本質——聽從模式，來調整自己的定義和直觀。

於是，不妨先把直角的餘弦定義為零（這樣一來，就能還原成普通的畢氏定理），再來定義 C 為鈍角時的餘弦，方法就比較不尋常了：我們是以 C 的鄰角 C' 餘弦值的負值，做為 C 的餘弦值。

這就是在擴大餘弦的意義。原本我們是以直角三角形的邊長來定義角的餘弦，現在就算角 C 太大，無法放進直角三角

形，我們仍然讓 cos C 具有意義。之所以這樣做，是讓我們能有個一體適用的模式，而非三個單獨的模式。但更重要的是，我們讓數學發聲。我們感受到角度和長度的需求——它們希望讓餘弦一般化，並且告訴我們它們想要怎樣的一般化。現在得由我們，來讓這個結果符合直覺。

不妨想像你正拿著一根（單位長度的）棍子，與地面成某個角度。

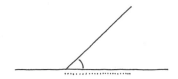

這個角度的大小，會決定棍子的影子是長是短（我假設此場景中有太陽當頭照）。事實上我們會發現，影子的長度正好就是夾角的餘弦。

好啦，角度越大，影子也越短，等到棍子直立起來（與地面成直角）時，影子的長度就變成零了。假如我們繼續移動棍子，影子就又出現了，只不過跑到另一邊去了。影子現在的長度，變成夾角鄰角的餘弦。

所以，要思考餘弦的擴大定義，比較好的辦法是把角的餘

弦，重新定義成單位長度棍子的影子，不只要知道影子的長度，也要知道影子的**方向**。意思就是，影子跟角同一邊時，當成正的，影子在另一邊時，則當成負的。有了這樣的餘弦定義，我們就可得到一個適用於所有角度的畢氏定理關係式

$$c^2 = a^2 + b^2 - 2ab \cos C$$

這個公式告訴我們一件事：角度與長度彼此沒有直接關係；角度必須透過餘弦，來間接傳遞訊息。就好像角度需要一位裝扮成餘弦的律師，代替它們去和長度打交道。角度與長度身處不同的世界，說著不同的語言。正弦與餘弦擔任字典的角色，把角度的語言轉換成長度的語言。

請證明：若一個三角形已知兩邊 a、b 和其夾角 C，則此三角形的面積為 $\frac{1}{2}ab \sin C$。

正四面體各面之間的夾角有多大？
其他正多面體各面之間的夾角又有多大？

請證明：正八面體和正四面體可以把空間完全填滿。你能不能找出可用對稱多面體填滿三維空間的其他方法？

20

給了一個角度（譬如以一整圈的幾分之幾來量度），要怎麼算出它的正弦和餘弦值？反過來，如果我們已知某個角的正弦和餘弦值，怎麼推知角度有多大？

有些角的正弦和餘弦值很容易度量。譬如圈的 $\frac{1}{8}$ 角（也就是 45 度），所構成的直角三角形剛好是半個正方形。

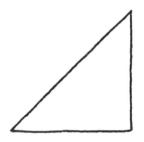

這表示該角的正弦和餘弦值，都等於正方形的邊長與對角線之比，即 $\frac{1}{\sqrt{2}}$。

六分之一圈的正弦和餘弦值是多少？

附帶一提，同時談一個角的正弦和餘弦值其實有點多餘；這是因為，若知道其中一個，就能推知另一個。兩者之間的關係來自畢氏定理。你能不能找出是什麼樣的關係？

一個角的正弦和餘弦值，有何相互關係？

對此，我們自然想要把各種角度的正弦值和餘弦值編成一

個表。這正是六百年前天文學家與航海家所做的事情；當時船隊要進行遠程航行，所以必須做出相當精確的航海測量。

在那種情況下，當然只能求近似值。45 度的正弦值大約為 0.7071，這在實用上已經夠精確了，然而對於非實用目的，例如幾何學，就還稱不上精確。如果想度量假想中的完美形狀（我們也正在這麼做），就需要找出精確的正弦值和餘弦值。

很不幸，這實在有些困難，即便角度是個漂亮的值。譬如說，$\frac{3}{13}$ 的正弦餘弦值就挺嚇人的。這兩個值自然是無理數，就算可以表示成各種平方根，仍不甚好看。更好的辦法應該就是直呼它們為 $\frac{3}{13}$ 的正弦值和餘弦值。

更慘的是，如果角度本身就不漂亮，正弦值和餘弦值通常會是超越數。這表示我們沒有任何代數方法可以指稱它們。正如當初接受 π 這個數一般，對於像 $\sin\frac{1}{\sqrt{17}}$ 這樣的數沒有更簡單的描述法，我們只能接受。跟前面一樣，我們必須擴大所用的語言，學會充分利用它。

我們想從一個角的已知正弦值和餘弦值，回推該角度有多大時，也會發生類似的情形。舉例來說，在邊長為 3、4、5 的漂亮直角三角形當中，其中一個角的正弦值是 $\frac{4}{5}$，餘弦值是 $\frac{3}{5}$。

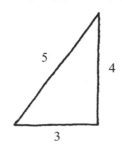

　　這個角有多大？是一整圈的幾分之幾？結果會發現，這個數也是個超越數。意思就是，「正弦值是 $\frac{4}{5}$ 的角」已經是我們所能得到最好的描述了。根本不可能把 3、4、5 三個數，拿來做有限次的代數運算，然後得知這個角是多大。

　　從各方面來看，這情況很令人沮喪（也有點難堪）。我們設法把牽涉到多邊形量度的每一個問題，都化為「一個角的正餘弦值如何隨角的本身而變」這個重要的問題，而現在我卻告訴你，這個問題（一般來說）根本不可解。確實，某些角度（像是 $\frac{1}{8}$ 或 $\frac{1}{6}$ 圈）的正弦和餘弦值是漂亮的數字，但是那樣的角度確實是少數。

　　關於這種情形，我覺得很有趣的一點是，我們居然能很自然地問出自己回答不了的幾何問題。而且，我們竟能證明這種問題沒有答案。換句話說，我們可以知道某件事是不可知的。或許這根本沒什麼好沮喪的——反而是了不起的成就呢！

　　當然，我還沒有解釋我們是怎麼知道這些事情的。要我說某某數是個超越數，好像還可以；但要我告訴你為什麼，可就是另一回事了。

　　我現在不幸陷入了窘境。對我來說，重要的是讓你明白，像「π 是超越數」或「$\sqrt{2}$ 是無理數」這類陳述的正面本質。當數學家說，某某事是不可能的，無論所說的是 π 無法用代數方式來表示，或是沒有任何分數的平方會等於 2，都不是在以負面的口吻說我們做不到，或毫無所獲。我要講的是我們所獲得的東西：一個解釋！我們知道 $\sqrt{2}$ 是無理數，也理解為什麼會

是無理數。我們有個非常合理的解釋——也就是畢達哥拉斯針對偶數與奇數的論證。

千百年來，數學就像其他藝術一樣，達到了一定的深度。許多藝術作品極為複雜，需要研究多年，才能正確理解和欣賞。不幸的是，π 的超越性正是如此。有不少證明，甚至有非常漂亮的證明，但這並不意味著，我有辦法毫不費力地解釋給你聽。目前呢，我認為你就只能不得不相信我所說的。

你能不能利用正五邊形，找出五分之一圈
這個角度的正弦值和餘弦值？

21

我們想從三角學當中得到什麼？在現實世界裡，我們希望能替所給的任何一個三角形，定出所有的量度。假定有個三角形，一旦知道它的各角、各邊及面積，就可說它經過徹底度量了。當然，我們也必須先知道其中幾個量度，以便明確指出所討論的是哪個三角形。

我們需要多少資訊？哪些邊角的組合足以定出一個三角形？有幾種可能的情形：

三邊長。在這種情形下，三角形肯定是唯一的。我們可利用廣義畢氏定理找出三個角（至少找出它們的餘弦值，意思是

完全相同的，而且餘弦值還比角度更有希望找到）。海龍公式可讓我們直接由三邊長算出面積，所以在這種情形下，我們始終可以做完整的度量。

兩邊長。通常這還不足以指定是哪一個三角形，除非我們額外知道某個角的相關資訊。如果得知兩邊的夾角或它的餘弦值，就能利用廣義畢氏定理算出第三邊，於是大功告成了。不過，要是我們知道的不是夾角，就不足以定出三角形了。你知道為什麼嗎？

為什麼已知兩邊一角，通常還
不足以決定出一個三角形？

當然，如果我們知道兩個角，情況就不同了。三角形的三個角加起來永遠是半圈，所以得知其中兩角，自然就會知道所有三個角。特別是，如果已知兩邊兩角，就能找出已知兩邊所夾的角，接下來就難不倒我們了。

一邊長。這給的資訊太少了；絕對需要知道所有三個角才行。只知一邊一角是不夠的。另一方面，知道所有三個角之後，三角形的形狀就確定了，接下來就由縮放來決定是哪個三角形。任意一邊都能把三角形定下來（我們也必須明確定出哪條邊對哪個角）。接著，問題就會變成要找出另外兩邊長。已知一個三角形的三個角及一邊，我們該如何定出另外兩邊？

要處理這個問題，有個更巧妙（且更對稱）的方法，就是從比例的角度來思考。我們真的只需知道各邊的兩兩之比；之

前要是我們已知任意一邊，很容易就能找出另兩邊。比例的好處是與縮放無關，而只取決於三角形的各角。於是我們的問題就變成：已知一個三角形的三個角，該如何定出三邊的相對比例？

以習慣上的符號標記來表示，我們所問的問題就是，$a : b : c$ 這個比例會如何隨著角 A、B、C 而變化。

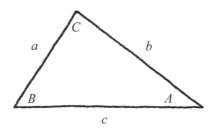

很容易發現，大邊對大角。問題是我們能不能說出更確切的東西。

由於我們是在處理邊和角，自然預期應該會看到正弦及餘弦，事實上還真的出現了。三角形的邊角關係，是幾何中最美的模式之一：各邊之比就等於對角正弦之比。換句話說，

$$a : b : c = \sin A : \sin B : \sin C$$

這個結果通常稱為**正弦定理**（law of sines；而我們的廣義畢氏定理，通常稱為**餘弦定理**，但我覺得這個名稱很蠢）。

要知道為什麼這個結果是對的，可以依慣例畫出垂線。

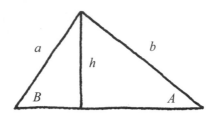

注意，這個高 h 同時是角 A 與角 B 的對邊。這表示

$$\sin A = \frac{h}{b}$$

$$\sin B = \frac{h}{a}$$

兩式相除，會得到

$$\frac{\sin A}{\sin B} = \frac{h/b}{h/a} = \frac{a}{b}$$

因此 $a : b = \sin A : \sin B$，即兩邊之比等於對角正弦值之比。正如廣義畢氏定理的情形，我們看到角如何透過正弦及餘弦來傳遞長度的訊息。我喜歡目前這個對稱的版本。

但我剛注意到一件事，上面的論證事先假定了所有的角都是銳角（也就是小於直角）。要是遇上一個鈍角三角形，會是什麼情形？鈍角三角形仍會遵守正弦定理嗎？我們希望鈍角的正弦值代表什麼意義？

鈍角的正弦值該怎麼定義？我們的定義
能夠讓正弦定理繼續成立嗎？

利用正弦定理、廣義畢氏定理及海龍公式，我們可以完整

度量任何一個三角形——至少可以說，是把任何一個三角形（甚至任何一個多邊形）的量度問題，化約成去找出一堆正弦值與餘弦值。責任通常到此為止，除非正弦及餘弦的超越性質帶出了什麼意想不到的對稱性或巧合。於是，三角學的目標就不是在算出這些數值，而變成找出它們之間的模式與相互關係。

一個角的正弦及餘弦值，與兩倍大的角的正弦及餘弦值，有何相互關係？

我應該指出，以上對於多邊形的一切討論，也適用於三維的多面體。尤其是多面體可分解成各種三角錐，而三角錐可以利用三角形來度量。如此一來，跟多面體有關的所有問題，也都歸結到正弦及餘弦了。

證明：若一個三角形的兩條角平分線相等，則此三角形必為等腰三角形。

證明：若一個圓內接四邊形的邊長為 a、b、c、d，則此四邊形的面積可由婆羅摩笈多公式算出：

$$A = \sqrt{(s-a)(s-b)(s-c)(s-d)} \, ,$$

$$其中 s = \frac{1}{2}(a+b+c+d) \, 。$$

22

　　還有什麼形狀要度量？答案是，大部分的形狀！事實上，我們甚至還沒開始處理絕大多數的幾何形狀。我們到目前為止所看過的形狀，都帶有某種特殊性質，例如直邊或對稱性，使這些形狀與眾不同。大部分的幾何形狀都不具有這種特點。許多形狀是不對稱、醜陋、彎曲的，看上去不特別賞心悅目。

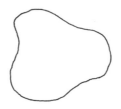

　　但是為什麼要處理這種東西？為什麼我們（也就是指你）要花時間和精力去了解某個難看的怪東西？即使我們想要了解，該怎麼做呢？先別說度量了，我們要如何形容像這樣不規則的彎曲形狀？而我所謂的「像這樣」，是指什麼意思──是指像哪樣呢？我講的到底是哪個形狀？

　　如果我實際一些，乾脆說是「如圖所示的形狀」就好了。圖像本身就是形狀，我們可以直接從它做出概略的量度。

　　然而在數學上，圖像完全沒有幫助。圖形雖然存在於我們生活的實體世界裡，若要當作特定的數學物件，卻過於粗糙且不精確。還不光是準確度的問題。在鍍金板上以雷射極精密切割出的圓形，與幼稚園小朋友用勞作紙做出來的圓形，同樣不

具意義，兩者都和真正的圓相去甚遠。

　　我們必須了解，圖形和其他類似的模型，是由原子組成的，而不是由理想化的假想點。特別是，這表示圖形無法準確描述任何東西。圖形並非全然無用；只是我們要明白，圖形的作用不在於指稱或定義，而是激發創造力和想像力。勞作紙做出的圓形雖然不是真正的圓，但仍能給我許多想法。

　　那麼，我們該如何描述某個不規則的彎曲形狀？這樣的形狀可能包含了無窮多點，而且不像多邊形，可用有限多點定出此形狀——我們需要列出無窮多點。不過，對於一個形狀，要是得提供無窮多的訊息，我怎麼有辦法思考，或者向你說明這個形狀呢？現在的問題不是我們想要談哪些形狀，而是可以談論哪些形狀。

　　令人困擾的是，大多數的形狀都無法談。它們就在那裡；只是我們無從談起。人類在有限壽命裡使用有限的語言，所能處理的，就只有那些具備有限描述方法的數學物件。隨機四散的無窮多點，根本無從描述，一條奇形怪狀的曲線也是如此。

　　我的意思是，我們就只能具體描述那些本身帶有充分模式、讓無窮多點以有限的方式來描述的形狀。我們之所以能談論圓形，不是基於幼稚園的勞作，而是因為「與一固定中心點等距離之所有的點」這句陳述。由於圓形有如此簡單的模式，我根本不必告訴你構成圓的每一個點在哪裡；我只需要告訴你，這些點遵循的模式。

　　重點就是，我們只能做到這樣。可以談論的形狀，是那些

有模式的形狀，而且這個模式（在一個有限語言當中的一組有限字句），本身就是形狀的定義。不具有這種模式的形狀（恐怕占了絕大多數），從古至今根本無從談起，更不用說度量了。可讓我們思考、描述的數學物件，從一開始就受到人類自己設下的限制。這正是貫穿數學的主題。舉例來說，我們能談的數，是帶有模式的那些數；大部分的數也都沒辦法指稱。

於是，幾何學與其說是關於形狀本身，不如說是關於定義形狀的遣詞用字模式。幾何的中心問題，是抓住這些模式並做出量度——這些數本身，也必須具有遣詞用字模式。我們已經談到了多邊形和圓形，多邊形很容易由有限多個邊角來確立，而圓形自己就有非常簡單的模式。我們還能想到哪些其他的模式？可能是怎樣的描述？除了圓形，我們還可以談哪些曲線？

23

除了圓形，我們在前面還遇到了另外一種曲線，這種曲線事實上是最久遠、最美麗的幾何形體之一，那就是：橢圓。

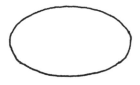

橢圓是經過伸縮的圓——沿著一個方向把圓形拉長某個倍

數。橢圓本身就是一種非常精確而具體的形狀。我想我應該說，這是某一類的形狀，因為拉長的倍數不同，就產生不同的橢圓。如果你願意，甚至可以把圓形想成是橢圓的特例——即拉長倍數為 1！

重點是，橢圓並不是蛋形，而是一種具有特定模式（即「經過伸縮的圓」）的特殊曲線。事實上，後來發現有幾種方法可以描述一個橢圓，而不同描述方法之間的相互關係，促成了一些非常迷人而且漂亮的數學。

例如，最好的思考方式之一，是把橢圓當成斜著一個角度看的圓形。換一種說法就是，當你拿斜平面切過圓柱，就會得到橢圓。

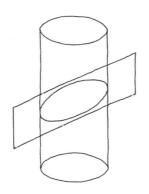

很顯然，如果像這樣切過圓柱，你會得到某種彎曲的形狀，但要怎麼確定它就是橢圓，而不是其他蛋形的曲線？斜截面與伸縮之間，究竟有何關連？

要理解這件事，我認為最簡單的方法，就是想像空間裡以某個角度相交的兩個平面。

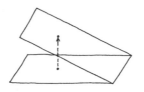

為方便起見,我們就讓第一個平面是水平的。於是,這個平面上的任意一點,就可以上移到斜平面上的對應點。如此一來,第一個平面上的任意形狀,都能變換成第二個平面上的新形狀。

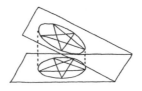

這種變換叫做**射影**(projection)。因此我們是在說:橢圓是圓的一個射影。當然,這是新的語言,我們還是得弄清楚為何如此。圓經過射影變換之後,為什麼會被拉長?

理由是,射影變換**就是**伸縮。兩者是完全相同的程序。更確切的說法是,射影變換和伸縮是不同的程序,但有完全相同的效應。若要看出這件事,可從兩個平面的交線著手。

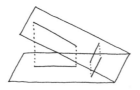

想像第一個平面上有兩根棍子,一根與交線平行,另一根與交線垂直。經過射影變換之後,第一根棍子仍然和交線平

行，而且長度保持不變。與交線垂直的棍子也維持垂直，但是變長了──射影變換讓其中一個方向上的距離變長了，而另一個方向上的距離保持不變。換言之，射影變換在垂直於兩平面交線的方向上，產生了伸縮變換。要注意，兩平面的交角越大，拉長的倍數也越大。

隨著兩平面夾角的不同，
伸縮倍數會作何變化？

另外還要注意，如果兩平面恰好平行，射影變換就起不了什麼作用──這是倍數為 1 的伸縮變換！

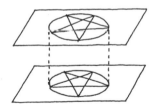

無論如何，現在我們有了全新的思考方法。我們可以把伸縮，視為從空間中的一個平面投影到另一平面的射影變換，不再是指單一平面的拉伸。特別是任何一種形狀（不光是圓形）的伸縮──底面為此不規則形狀的廣義圓柱，如果做適當的斜切，會截出此形狀的伸縮形式。

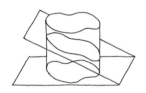

我們也可以想像一種射影變換，牽涉到的平面都不必是水平的，而且各點的投影方向也不一定是垂直的。換句話說，我們可選擇空間裡的任何兩個平面和任意方向，來構成射影，讓其中一平面上的形狀變換成另一平面上的形狀。

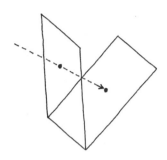

現在要問的問題是，這些更一般性的射影會變出新的東西嗎？或者仍然只能造成伸縮？

不管哪個方向上的射影

都一定會產生伸縮嗎？

24

我們可以用一種完全不同的方法來處理橢圓，就是透過橢圓的焦點性質。每個橢圓都有兩個很特殊的點，叫做**焦點**（focal point），這兩個點具有意想不到的特徵：橢圓上每一點與這兩個點的距離加在一起是定值。

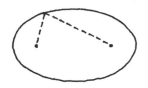

換句話說，一個點沿著橢圓的邊緣移動時，它與兩個焦點的距離會改變，但兩距離之和維持不變。因為這個性質，我們才有辦法換一種方式來描述橢圓，變成「與兩固定點的距離和為定值的點所成的集合」之類的陳述。有些人甚至決定以此當作橢圓的定義。

當然，究竟要把橢圓當成經過伸縮的圓、只是湊巧有個有趣的焦點性質，或是把這個性質視為橢圓的定義特徵，其實一點也不重要。不管採用哪種方法，都有工作要做。我的意思是，經過伸縮的圓是一回事，具有焦點的曲線則是另一回事。兩者為什麼會一樣？更重要的是，我們如何證明它們是一樣的？

我就是喜歡數學的這一點。不僅有各種令人驚嘆的發現等你去探索，還有額外的挑戰——弄懂為什麼事情會是如此，以及做出漂亮且合乎邏輯的解釋。你一次就能同時享受到藝術與科學的所有樂趣，更棒的是，它全在你的腦袋裡！

接下來我想帶你看一個巧妙的論證（是丹德林在 1822 年發現的），它解釋了為什麼經過伸縮的圓會有焦點性質。首先，不妨把我們的橢圓看成是圓柱被斜平面截出的曲線。

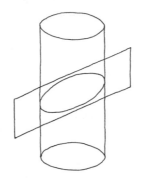

如果能證明這條曲線滿足焦點性質，那麼焦點究竟會落在哪裡呢？答案十分漂亮。

取一個（直徑與圓柱相同的）球 S，把它從上方放進圓柱並且往下推，讓它和截平面相碰於一個點 P。按照同樣的步驟，取另一個球 S'，從下方放進圓柱裡並往上推，直到它和截平面相碰於點 P' 為止。

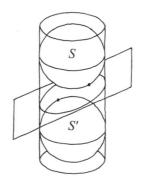

P 和 P' 這兩個點（兩個球與平面的碰觸點），就是焦點。是不是很漂亮！

當然，為了確認這件事，我們必須證明，不管選了橢圓上

的哪個點，它與這兩個點的總距離永遠相同。我們就假定 Q 為橢圓上的任意一點。現在請你想像有一條直線通過 Q、P 兩點。

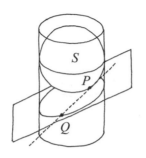

這條直線有個很有意思的特徵：它只和球 S 碰觸一次。這個現象相當不尋常。大部分的直線要嘛是完全沒碰到球，要不就是會穿過去，和它碰觸兩次。和球就只擦身過一次的直線，叫做**切線**（tangent）。通過 Q、P 兩點的那條直線，正是球 S 的一條切線，因為它落在截平面上，而該平面與球只相碰於 P 點。

我們還可以再作球 S 的另一條切線，方法是取一條通過 Q 點的縱線，與球 S 相交於赤道面。

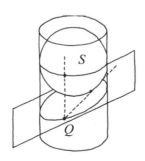

一般來說，從球外的一個點，可作許多條與球相切的切

線。有趣的是，這些切線的長度都相同。

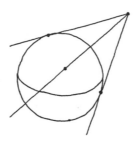

意思就是，不論你採用哪條切線，從球外一點到切線碰到球的那點，這段距離都是一樣的。

為什麼從定點對球所作的切線
全都是等長的？

尤其，從 Q 點到可能是焦點的 P 點之間的距離，和 Q 點到球 S 赤道面之間的垂直距離，是相等的。為了更一目了然，我從兩個球的赤道面把原來的圓柱上下削掉。

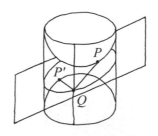

那麼我的意思就是，Q 到 P 的距離，會等於 Q 點到這個圓柱上底的距離；同理，Q 到 P' 的距離，也一定會等於 Q 點到圓柱下底的距離。

　　這就表示，從 Q 到 P、P' 兩點的距離和，一定就等於圓柱的高。由於這個高與 Q 點的位置無關，因此我們的橢圓確實滿足焦點性質，而這個漂亮的證明讓我們看到了原因何在。這是多麼精采的藝術作品呀！

　　如此巧妙的論證是怎麼想出來的？應該就像創作出《包法利夫人》或《蒙娜麗莎的微笑》一樣吧。我不知道事情經過，只知道當它發生在我身上時，我會覺得自己幸運極了。

**　　圓是橢圓的特例。圓的焦點在哪裡？**

25

　　現在我想介紹一下橢圓另一個奇特的性質，這不僅從數學的角度看是有趣的，從「真實世界」的觀點來看也是如此。要形容此性質，最簡單的方法可能就是把橢圓想成某種撞球台，邊緣有一圈橡皮墊。想像其中一個焦點的位置上有個洞，另一個焦點的位置上則放了一顆球。結果會發現，不管你朝哪個方向擊球，它從球台邊緣彈回之後，一定會直直進洞！

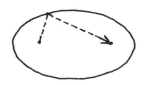

換句話說，橢圓的弧度恰好能讓來自其中一個焦點的直線，鏡射到另一個焦點。幾何上，我們會說：兩直線與橢圓以等角相交。

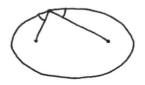

現在你可能有點困惑，我們本來是在處理曲線，這下冒出了角度，代表什麼意義呢？

要解開此難題，最巧妙的方法是使用切線，也就是與橢圓只交於一個點的直線。橢圓上的每個點，都有獨一無二的切線會通過，這條切線指出了曲線在該位置的彎曲方向。

這樣我們就有辦法談論曲線所構成的角度。兩條曲線之間的夾角，就是由各自的切線所形成的角度。

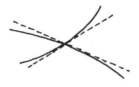

利用切線的輔助來了解曲線，是傳承自古代的技巧。切線

透露了曲線的行為，又因為是筆直的線，所以比曲線更容易處理。

　　現在，我們可以確切陳述「撞球台性質」了。此性質是說：橢圓上任意一點與兩焦點的連線，和切線之間的夾角會相等。

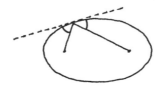

　　我想我們真的應該把這個性質，改稱為橢圓的**切線性質**（聽起來比較莊重一些）。但不管怎麼稱呼，它都是關於橢圓的漂亮事實，而且亟需解釋。

　　附帶一提，此性質有個很棒的特例，就是圓形：從圓心擊出的球，會筆直反彈回到圓心。切線性質告訴我們：一個圓的切線，必定與半徑垂直。

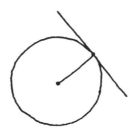

為什麼圓的切線會與半徑垂直？

正如我之前所說，數學家的任務不僅是要發現迷人的真理，還要提出解釋。畫一畫橢圓和直線然後說某某事發生了，這是一回事——要去證明這件事，則是另一回事。所以，現在我就要告訴你切線性質的一個證明。我心目中的解釋不僅簡單漂亮，而且能應用到橢圓以外的許多情況。

我們先來看一個完全不同（但相關）的問題。假設有兩個點，落在一條無窮直線的同一側（無窮直線會比較好處理，因為它的長度和位置不會構成問題）。

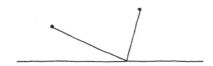

我們的問題是，從一個點碰到直線之後再到另一點的最短路徑是什麼？（當然，要碰到直線，是其中最有趣的條件。如果去掉這項條件，那麼答案就會是這兩個點的連線。）

最短路徑顯然像這個樣子：

由於這個路徑一定要碰到直線的某個點，所以最好是能直接朝那兒去。問題是，那個點在哪裡？可能的位置那麼多，哪一點形成的路徑最短？這個問題真的很重要嗎？說不定全都一樣長！

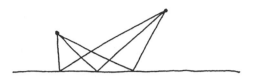

實際上，它真的很重要。只有一條路徑是最短的，我會告訴你怎麼找。我們先替這兩個點命名，就用 P 和 Q 吧。假定我們畫出了一條路徑，從 P 點出發，然後碰到直線，最後到達 Q 點。

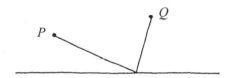

有個很簡單的方法，可以判斷這樣的路徑是否夠短。概念就是，去看這條路徑在直線另一側的鏡射（reflection）；這是幾何上最出乎意料的想法之一。具體的做法是，選取路徑的其中一段，譬如從碰到直線的位置到 Q 點的那一段，然後把它鏡射到直線的另一側。

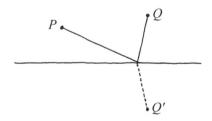

現在我們做出了一條新的路徑，以 P 為起點，跨過直線，最後抵達 Q'——原來的 Q 點的鏡射。按照這種方法，從 P 到直

線再到 Q 的任何一條路徑，都可以變換成從 P 到 Q' 的新路徑。

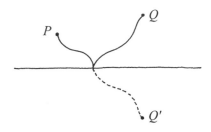

好，重點來了：新路徑的長度會和原來的路徑完全相同。這表示，要找從 P 碰到直線再到 Q 的路徑哪一條最短，其實也就是在問：從 P 到 Q' 的路徑哪條最短。但這很容易——答案正是：直線路徑。換句話說，我們要找的路徑（從一點到另一點、且要碰到直線的那條路徑），就是經過鏡射之後會變成直線的那條路徑。

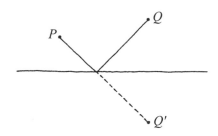

這個論證不僅漂亮，也讓我們看到，近代的數學觀點，是把問題放在一個由結構與保結構變換（structure-preserving transformation）組成的架構內去思考。在剛才的例子裡，牽涉到的結構是路徑和路徑長度，而問題的關鍵在於辨識出保結構變換——即鏡射。不可否認，這是個相當專業的觀點，不過我認為，這種思考數學問題的方法，對於任何人來說都很有用。

既然知道了最短路徑長得什麼模樣，我們就可以想想有沒有別的描述方式。最簡單的一種就是：與直線有相等夾角的那條路徑。最短路徑就是「反彈」路徑。

為什麼最短路徑與直線有相等夾角？

當然，我之所以提出這些，是為了幫助解釋橢圓的切線性質。對於橢圓的情形，我們的路徑是從一個焦點到另一個焦點，途經圓周上的一個點。我們想要解釋，為什麼這條路徑與橢圓（也就是與切線）所成的兩個夾角一定會相等。

嗯，原因是，這條路徑剛好是兩焦點之間途經切線的最短路徑。從橢圓的焦點性質，很容易看出這個結果：橢圓上所有的點到兩個焦點的總距離，都是相同的。當然，對於橢圓內的點，總距離較短，而對於橢圓外的點，總距離較長。尤其是，因為切線上的任意一點（切線與橢圓實際接觸的那一點除外）落在橢圓外，所以通過這些點的路徑，一定比通過接觸點（切點）的路徑來得長。

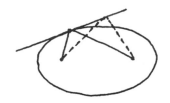

　　由於我們的路徑最短，因此它與切線所成的角度必定相等。切線性質（或「撞球台」效應）直接得自橢圓的焦點性質，以及「最短路徑一定會反彈」這件事。

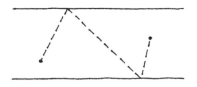

假設有兩個點落在兩平行線
之間。從一點到另一點且會打到
兩條直線的最短路徑是什麼？

26

　　我想再談一點幾何與現實之間的關連。就某種意義來說，兩者當然完全不同；一個是純想像的人造物，而另一個（大概）不是。在具有意識的人類存在之前，實體世界就存在了，人類如果消失了，它仍繼續存在。相反的，數學實在的存在卻

要仰賴意識。橢圓是概念，真實世界裡根本沒有真正的橢圓。真實的東西是一團動來動去的原子，因此極為複雜，幾乎無法精確描述出來。

物理學上的原子（組成了真實物體），與數學上的點（組成了假想幾何物件），有兩項極為重要的區別。第一，原子會不停運動，不時飛來飛去，彼此碰撞。點則會按照我們的指令行事；圓心並不會來回擺動。第二，原子是離散的──原子會彼此保持距離。利用人為的方式，可以讓兩個原子靠得很近；但自然力（顯然）不會讓它們彼此靠近。對於假想出來的點，我們當然就沒有這樣設限。數學物件是由美學上的選擇來主導，而不受物理定律的約束。尤其是，由點組成的直線或曲線，根本不可能以實物來具象化。任何一條由真實粒子組成的「曲線」，一定都會凹凸不平，布滿各種縫隙──比較像一串珍珠，而不像一根頭髮（當然，一根頭髮也是由真實粒子組成的「曲線」）。

但另一方面，幾何與現實之間也並非毫無關連。雖然世界上找不到完美的立方體或球體，不過還是有一些很接近了。數學上的立方體與球體享有的任何一個性質，大致上都能套用於木盒和保齡球上。

橢圓的切線性質就是很好的例子。撞球台的類比，可不只是浮誇的譬喻；我們確實可以做出橢圓形的撞球台，上面鋪著綠氈，該有的東西都有。也許要多幾次試誤，來調整洞口大小和橡皮墊的彈性，但我們鐵定可以讓它堪用；我們可以朝任意

方向推桿撞一顆真正的球，然後球總會進洞。也有人設計了橢圓形的房間，以不同的方法展示切線性質。兩個人分別站在其中一個焦點上，互向對方講悄悄話。其中一人發出的聲波全都會從牆壁反彈，傳進另一人的耳朵裡。結果，兩人都聽得到對方講了什麼，但房間裡的其他人什麼也聽不到。

這一切是怎麼辦到的？如果原子與點如此不同，為什麼由原子組成的撞球台上發生的事，竟然和點所組成的假想橢圓那麼相似？實物和數學物件之間究竟有什麼關連？

首先要注意，橢圓形撞球台這樣的東西如果太小，譬如只有幾百個原子的寬度，是完全沒有用的。這麼小的實物，不可能表現得像橢圓。跟原子一般大的球，會直直穿過壁上的縫隙，或是在半途陷進某個複雜的電磁作用中。為了產生幾何上的表現，物體必須含有數量夠多的原子，以統計的方法來抵消這種效應。也就是說，物體必須夠大。

相反的，要是撞球台太大，譬如像星系那麼大，也會因為重力效應和相對論效應而失敗。一個實物若要像幾何物件，體積得恰到好處；意思就是，必須是日常的大小。它的尺度大致上必須在人類的操作範圍裡。為什麼？因為數學是我們創造出來的！

人是體積有限的生物，以有限的方式感受周遭世界。和原子相比，我們實在太巨大了，沒辦法直接碰觸到原子；人的感官無法察覺那麼小的東西。因此，我們缺乏原子尺度的直覺。人的想像力來自經驗；很自然的，由心智產生的假想物件，就

會是我們所見、所感的事物的簡化完美版。假如人的體積和現在截然不同，當然就會發展出一套大不相同的幾何體系——至少初期是如此。幾世紀以來，數學家創立了很多種幾何體系，有一些很適合做為非常小或非常大尺度下的模型，有些幾何體系則和真實世界沒有絲毫關係。

所以，幾何與現實之間的關連就在我們身上。我們是兩者之間的橋梁。數學發生在我們的心智裡，心智是人類大腦的副產物，大腦是身體的一部分，而身體是真實存在的。

你知不知道要怎麼利用一枝鉛筆、

二根圖釘和一條繩子，

做出一個簡略的橢圓形模型？

27

橢圓是我們能夠實際討論的少數形狀之一，因為它具有可以描述的明確模式。當然，我們其實只是稍微修改一下已經存在的模式（即圓的模式），不像是從零開始建立起橢圓的模式。橢圓是經過變換的圓，也正是這個變換（即伸縮）讓橢圓具備各種性質，供我們討論。焦點的古典幾何定義，則是另一種角度；它是圓形和圓心概念的一般化。

重點在於，我們把舊的形狀改造成新的。只要能確切描述

一個幾何變換的程序（「凹了一個洞的球」就太語意不清了），
任何一種幾何變換都可用來造出新的形狀。特別是，一個形狀
如果有個可以描述的明確模式，那麼經過任意伸縮之後，仍將
保有這樣的模式。

要從舊的形狀產生新的，最簡單的方法是取截面。取圓柱
的截面，就會得到橢圓。假如我們截切其他的立體，會發生什
麼情形呢？你一定會想到球體。但很可惜，球的截面永遠是
圓，沒別的了。那麼圓錐的截面呢？

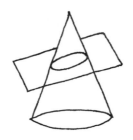

答案出乎意料，居然是橢圓。這個答案乍看之下很怪，畢
竟圓錐和圓柱差那麼多。你大概會猜，得到的截面應該是更不
對稱的蛋形。從另一方面來說，前面我們用丹德林球所做的論
證，只要稍微改一下，就能證明圓錐的截面會滿足同樣的焦點
性質。

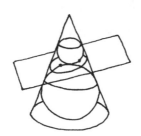

我們一樣是用兩個球，但大小不同，每個球和斜切面只碰到一個點。和前次論證的主要差異在於，兩個球與圓錐的接觸點不再是沿著球的赤道面，而是沿著赤道面上方的緯圈。儘管如此，用於切線的同樣論證仍然告訴我們，所截出的曲線具有焦點性質，所以實際上是橢圓。

你能不能寫出這個證明？

情況真教人沮喪──我們雖然把圓柱換成圓錐，卻得不到新的曲線。但別急！還有其他的切法。

因為圓錐是斜的，所以我們可以根據平面斜度是比圓錐大，還是比較小，而產生不同類型的截面。平面不像圓錐那麼斜時，會截出橢圓。但瞧瞧現在我們截出了哪種曲線？

當然不是橢圓，這毫無疑問。因為它不會閉合──圓錐越往下延伸，曲線也越變越大。我們當然可以在某個地方把它切掉，但這麼做太強制了。比較簡單又漂亮的想法（至少在我看來），是去想像一個無窮圓錐，於是所截的曲線也是無窮的。平面永遠不會切穿到圓錐的另一側！

　　在圓錐上截出的曲線，都叫做**圓錐曲線**（conic sections）。實際上，圓錐曲線有三大類，會得到哪種曲線，取決於切面的斜度。如果切面不如圓錐那麼斜，會得到橢圓。如果切面比圓錐還要斜，就得到剛才所講的這種無窮曲線，稱為**雙曲線**（hyperbola）。第三種情形就是，切面與圓錐一樣斜。

　　這種圓錐曲線叫做**拋物線**（parabola），也是無窮曲線，只不過（我們很快就會發現）其形狀和雙曲線非常不同。

　　重點是，圓錐的切法各有不同，切法決定你會得到哪一類曲線，而每種曲線又具有很不一樣的性質。古典幾何學家已經對圓錐曲線進行了仔細透澈的研究，特別是阿波羅尼斯（Apollonius，約西元前 230 年）所做的研究。古希臘時期最偉

大的發現之一，就是雙曲線和拋物線就與橢圓一樣，有自己的焦點性質與切線性質。我很想跟你介紹這些性質，不過我覺得，可以先帶你從一個稍微不一樣、比較近代的方法，去思考圓錐曲線。

概念就是，從射影的角度來看。請你想像空間裡有兩個平面。我們現在不要選任何投影方向，而是選定空間中的一個固定點（此點不在這兩個平面上）做為投影中心。

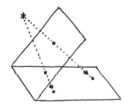

通過這個投影中心的直線，會把第一個平面上的點投影到第二個平面上。（有時我喜歡把投影中心想成太陽，而把投影想成是影子。）當然，並沒有規定第二個平面一定要在第一個平面的後方；我們也能朝向投影中心，而不是遠離中心。甚至還可以把投影中心放在兩平面之間。

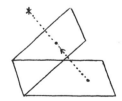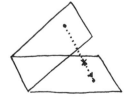

不管哪種情形，都是一種新的投影法，通常稱為**中心投影**（central projection），有別於前面講過的平行投影。

兩平面平行時，中心投影
會造成什麼結果？如果投影中心落在
兩平面之間，又是什麼情形？

　　兩種投影都是變換，可把一種形狀變成另一種。於是就產
生一套有系統的方法，能夠創造出新的形狀，又能指出新舊形
狀的相互關係。特別是，我們可以把圓錐曲線——橢圓、雙曲
線及拋物線，看成一個圓的各種中心投影。

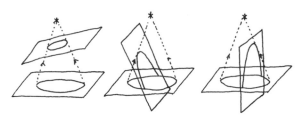

　　其中一種解釋是，這些曲線其實就是圓，只不過是從不同
的視角來看。

　　事實上，關於透視的問題，最後都會歸結到中心投影。我
們的眼睛在看東西時，就是一種投影：外界穿透過瞳孔投影到
視網膜上。透視圖就在模仿這個過程，是以假想觀者做為投影
中心。幾何投影正是這個過程的極致理想化。

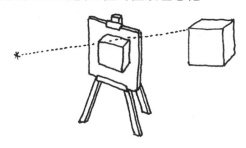

　　當然，數學想法一旦產生，不論源頭是什麼，很快就會與現實脫鉤。十七世紀初，為了理解關於透視的數學，一門全新的幾何學——**射影幾何**（projective geometry）誕生了。

> 我們能不能把一條直線上的
> 任意三點，投影到任何三個
> 共線的點？如果是四個點呢？

28

　　由於射影相當於視角上的變化，我們自然想把兩個因投影而產生關連的物件，視為是同一個，也就是同一個物件的不同觀點。射影幾何的原理是，幾何形狀最重要的性質，就是不會因為射影而受到影響的那些性質。形狀最根本的「真實本質」，不應該隨著觀點而變；真正的美應該是獨立於觀者的。在射影之下會改變的幾何特徵，都稱不上是物件本身的性質，只能說是物件被觀看的方式。這種思維是相當近代的。我們碰到了某類型的變換（此處談的是射影），而我們感興趣的是那些不變的結構。

> 所有的三角形在射影之下都是一樣的嗎？
> 所有的四邊形呢？

　　古典幾何與射影幾何的最大區別在於，角度、長度、面積、體積這些傳統量度不再具有任何意義。射影讓一個形狀扭曲，也全盤改變了這些量度。從這層意義上看，射影是極具破壞力的。

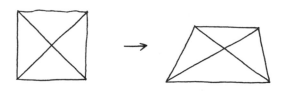

　　好啦，既然射影幾何與量度無關，那麼是和什麼有關呢？哪種東西在射影變換下不會改變？

　　有個很好的例子是直線性（straightness）——直線經過射影變換之後，依然是直線。從射影的觀點來看，直線性是「真實」的。尤其是，如果有一組點共線（意思是這些點落在同一條直線上），這些點經過任何一種射影變換後，仍會保持共線。如果它們排成一列，就會維持成一列，並不因為你的觀點不同而有所不同。

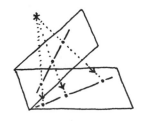

一個多邊形的投影永遠是多邊形嗎？

　　另一個射影不變量是切線：如果有條直線是曲線在某一點的切線，經過射影變換後，它仍舊是切線，即使曲線的形狀和直線的位置可能有了改變。

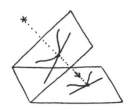

　　一般來說，相交性也是一個射影不變量。對兩條曲線而言，它們是否相交以及相交幾次，都是和射影不變量有關的問題。至於兩條曲線相交的角度，就不是射影不變量關心的問題了。

　　相交的問題其實比較複雜。相交性其實不是射影不變量。兩條相交的直線經過投影之後，甚至有可能變成相互平行。

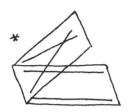

　　此處的狀況是，兩直線的交點根本沒有出現在投影面上。事實上，不管是哪種中心投影，一個平面上總會有一些特殊的點無法投影到另一平面上。

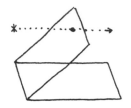

　　問題在於，從投影中心發出的視線，有時會與投影面平行。這可慘了，因為這表示投影很糟糕——會遺漏訊息。特別是，它竟會遺漏掉兩直線是否相交的訊息。

　　更嚴重的是，有一整條無窮直線上的點，在射影變化下會消失不見。

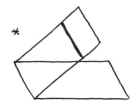

　　說得更具體些，就是那條與投影面平行、而且和投影中心同高度的直線。這條直線上所有的點，都會在投影的過程中消失不見。

　　反過來做，也會發生同樣糟糕的事。如果一開始平面上有兩條平行線，我們把它們投影到另一個平面上，得到的結果實在很怪——得到的是缺了交叉點的兩條交叉線。

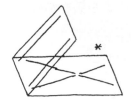

這種狀況當然完全不能接受。我們無法容忍這麼醜模醜樣的東西！

三條平行線的投影是什麼模樣？

附帶一提，中心投影的這個特徵，正說明了為什麼會有消失點的現象——平行線（例如火車鐵軌）看起來會相交於地平線上的一個點。

就實用的觀點，譬如對藝術家或建築師來說，這倒是好消息。能畫出一幅具有說服力的鐵道圖就很棒了，沒有人會為了幾個消失不見的點輾轉難眠。然而在數學上，這就讓人不得安寧了。而且，還真的讓幾何學家跨出了超乎想像的一步——重新定義空間概念。

整個想法實在很天才。投影的問題出在，通過一點的直線不一定會碰到給定的平面。

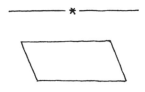

麻煩的是，事物會彼此平行。直線可能和直線平行，平面

可能和其他平面平行，而且直線和平面也可能互相平行，就像
這裡遇到的情形一樣。既然平行惹來麻煩，那就把它剔除
掉──也就是讓朝著同方向延伸的直線或平面相交。

做法就是：我們要想像，在空間裡每個方向上的無窮遠
方，都有個新的點。現在我們要讓朝著其中一個方向延伸的所
有直線，都交會在這個新的假想點。就這麼簡單。我們只需外
加夠多的點（每個方向加一個點就夠了），讓平行的直線與平
面可以彼此相交。

你可以這麼思考：想像一條線和一個點，然後看看通過此
點的不同直線與這條線的相交情形。

兩直線越接近平行，交點就越往右邊跑。原理在於，兩直
線如果真的平行了，仍然有個交點，這個點會在右邊的無窮遠
處。有趣的是，左半邊的直線也會發生同樣的情形。我們新增
的點，會同時落在左右兩邊的無窮遠處。就彷彿我們的直線像
圓一般，通過無窮遠點之後又繞回到另一邊。

聽起來像不像瘋子的胡言亂語？我承認這需要一點時間來
適應。也許你覺得不以為然，因為這些點是假想的，並非真實
存在的。不過，我們本來就不是在討論真實的東西呀。從一開
始就什麼也沒有；我們虛構出假想的點、線及其他形狀，讓事
情變得簡單漂亮──為了藝術的目的。而現在，我們重施故

技，目的是要讓射影變換變得簡單漂亮。一旦習慣了，你就能體會到它的美好。

我們所添加的點，叫做**無窮遠點**。我們新創造出來的擴充空間，稱為**射影空間**（projective space），也就是在普通的三維空間中，再加上所有的無窮遠點。習慣上我們會在所有的直線以及平面，都加上適當的無窮遠點。因此，射影直線就是一條普通的直線，外加該直線方向上的無窮遠點，而射影平面是一個平面，連同你想得到的所有無窮遠點──能對應到此平面上各種方向的那些無窮遠點。

這麼一來，就產生了一種新的幾何體系，去掉了平行性。平面上的兩條直線一定會相交，就這樣。如果原先兩直線相交，在新的幾何體系裡仍會相交；如果兩直線原先是平行的，現在會相交於無窮遠點。這比古典幾何中的情形更漂亮、更具對稱性。

那麼兩個平面呢？通常的情況下，兩個平面會相交於一條直線。要是兩平面平行，會發生什麼狀況呢？要注意，平行的平面有相同的無窮遠點，而這些無窮遠點就構成了此兩平面的交集。於是我們會想把一個平面上的無窮遠點，看成是落在一條無窮遠線上。這樣的話，我們就能概括說：射影空間中的兩個射影平面，永遠相交於一條射影直線。

同樣的，把射影空間中的所有無窮遠點，看成是在無窮遠處構成了一個射影平面，這樣也不錯。然後我們就可以說，一條線和一個平面永遠交會於一個點（除非這條線剛好落在此平

面上）。

射影空間中的兩條直線一定會相交嗎？

好啦，既然我們塑造了更好的運作環境，這下子射影就變成規規矩矩的變換了。現在，平行線經過射影變換的結果，不再是一對交叉點消失了的交叉線，而是完好無缺的交叉線，這是因為交叉點從無窮遠處移回到一個普通的點。

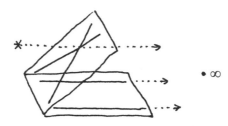

當然，處理射影空間最恰當的方法，就是不要去區分普通的點與無窮遠點。在射影幾何中，根本沒有這樣的區別；從一個視角看到的普通點，對另一個視角而言會是無窮遠點。射影空間是完全對稱的，空間裡所有的點都是生來平等的。

平行投影與中心投影的差異尤其站不住腳。平行投影不過就是以一個無窮遠點為中心點的中心投影，所以不如就拋開這些帶有古典幾何偏見的形容詞，直接以投影來稱呼。

好啦，我們得到了一個改頭換面的射影變換，也找出了幾個不變量——直線性、切線性、相交性。你能不能找出其他的呢？

你能不能找出一個射影不變量？

現在，我可以把前面提過的事情，講得更精確一些了——圓錐曲線可以視為一個圓的投影。對於橢圓，不用多說，我們已經知道，圓錐或圓柱的截面是橢圓，而橢圓確實是圓的投影。

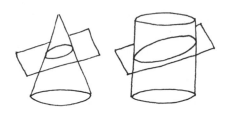

圓錐對應到的是一個圓的中心投影，而圓柱則是一個圓的平行投影。兩者在射影幾何上其實相同，所以把圓杜視為圓錐的特殊類型（頂點在無窮遠處的圓錐），是很合理的。

如果斜切圓錐的角度與圓錐本身一樣斜，就會產生一條拋物線。

在這種情況下，我們同樣是以圓錐頂點為投影中心，把水平面上的圓投影到斜平面上。因此，拋物線也確實是圓的投影。但要注意，圓上恰好有一個點，並沒有投影到斜平面上的適當位置；這個點最後會投影到斜平面的一個無窮遠點。這就

表示,一條拋物線就是一個圓,但其中一個點跑到無窮遠。無窮遠線則是這個圓的切線。

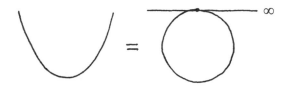

至於雙曲線,就有不尋常的事情發生了。

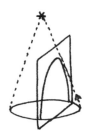

在斜平面後方的那部分圓,投影得很漂亮,形成典型的碗狀,但是圓的其他部分投影到哪裡去了?答案會讓你大吃一驚:跑到圓錐的上方。換句話說,以圓錐頂點為投影中心的中心投影,並不只是往下投射,也朝上投射。

因此，這個圓投影到兩條碗狀的曲線，一個開口向上，另一個開口朝下。如此說來，雙曲線是由兩支組成。它同樣是圓的投影，只不過這次有兩個點會跑到無窮遠。

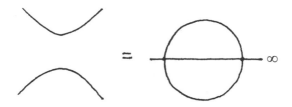

我們沿著雙曲線走，會朝著一個方向一路走到無窮遠，穿越過對應到該方向的無窮遠點，然後沿著對面的另一支走回來。

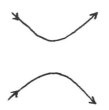

在圓錐上截出雙曲線時，

圓上的哪兩個點會投影到無窮遠？

所以，圓錐曲線其實是圓的投影。這表示，就射影幾何的意義而言，圓錐曲線都是圓。從古典幾何的觀點，不同類型的圓錐曲線，取決於圓與無窮遠線的相交方式——究竟是不會相交，還是交於一點或是兩點。

不僅如此，圓的每一種投影都是一種圓錐曲線。不管你怎

麼投影，都一定會得到橢圓、拋物線、雙曲線這三種曲線的任一種。沒有別的曲線在射影上與圓等價。特別是，這表示在斜圓錐和正圓錐上截成的曲線，沒什麼不同。

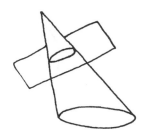

即便圓錐底面本身就是圓錐曲線，譬如說是個橢圓，也截不出新的曲線。意思就是，圓錐曲線的投影仍然是圓錐曲線。

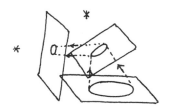

一般情況下，一個投影的投影，永遠是投影。籠統來說，他人的透視的透視，仍然是個透視。射影幾何最棒的特徵之一就是，射影空間與射影變換形成了一個封閉的系統，此系統在許多方面都比古典幾何更簡單、更漂亮。

以各種角度用手電筒照牆壁。

三種圓錐曲線都會看得到嗎？

29

　從射影的角度看，圓錐曲線是相同圓的不同透視結果，這結果雖然令人心滿意足，但我們實際上還是不清楚這些曲線的幾何性質。知道雙曲線、拋物線和橢圓在射影之下是等價的，倒沒什麼不好，但它們畢竟是不同的形狀。這些曲線到底是何長相？比如說，拋物線和雙曲線的差別在哪裡？

　目前我們對於橢圓知道得比較多。我們知道橢圓是經過伸縮的圓，並且具有特別好的焦點性質及切線性質。對於雙曲線和拋物線，我們也說得出類似的描述嗎？的確可以。

　事實上，雙曲線有個很漂亮的焦點性質。就像橢圓一樣，雙曲線也有兩個特殊的焦點，在雙曲線上移動的任一點到這兩個焦點之間的距離，有個簡單的模式。

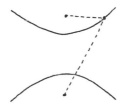

　但和橢圓的情形不同，這次不是距離和為定值，而是距離之差。也就是說，雙曲線是到兩個固定點的距離差為定值的那些點所成的集合。

　這麼怪的說法，當然需要某種證明。我們必須證明，如果切過圓錐的角度夠大（以便截出一條雙曲線），截面上的點必

會遵守這個新的焦點性質。你大概已經猜到，我們可以照前面的方法，利用球與切線來證明。

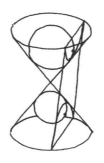

你能不能做出這個證明？

焦點性質可以透露不少關於雙曲線的細節。首先，這表示雙曲線必定相當對稱。

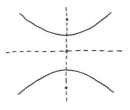

不但雙曲線的每一支是對稱的，而且兩支互為鏡像。兩焦點連線的左右兩側有對稱性，垂直方向上也有對稱性。

雙曲線為什麼會這麼對稱？

雙曲線的另一個漂亮特徵，是它很完美地夾在一對交叉線之間。

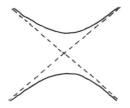

　這兩條線都沒有碰到雙曲線,但沿著雙曲線往外走,你會和直線越靠越近。換句話說,這兩條線就是雙曲線在無窮遠處的切線。

　最簡單的思考方法,就是把雙曲線想成射影空間中的一個圓,這個圓與無窮遠線相交於兩個點。(這也就是雙曲線的意義。)這麼一來,這個圓在這兩點各有一條切線,而這兩條切線就是我們所看到的直線。

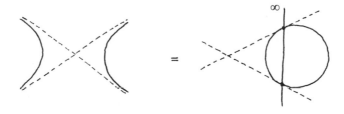

　由於雙曲線是對稱的,兩切線的交叉點一定就在兩個焦點的中央。

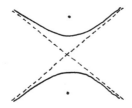

　兩條切線與雙曲線焦點性質之間,有相當漂亮的關連。如

果我們畫幾條與切線平行的直線把焦點連起來，會畫出一個菱形。

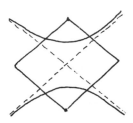

由於對稱性，這個菱形的四個邊一定會等長。四個角不一定是直角，所以不能說是正方形，但它仍是個漂亮的菱形。

焦點性質在說，雙曲線上的任一點到兩個焦點的距離之差，是個定值。結果我們發現，這個定值（或許可稱為雙曲線的**焦常數**）剛好等於菱形的邊長。

雙曲線的焦常數為什麼會等於菱形的邊長？

（要看出這件事，最簡單的方法可能是去想像有個點沿著雙曲線走到無窮遠處，然後想一想這個點與兩焦點的連線會發生什麼變化。）

由此產生的結果之一是，雙曲線完全由無窮遠處的切線（兩條交叉線）及兩個焦點來決定。

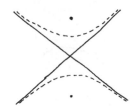

任何一對交叉線，連同彼此對稱的兩個點，就定出了獨一無二的雙曲線。原因是，如果我們知道了這些點與線，就能作出菱形，得知焦常數。再加上焦點的位置，就能定出雙曲線上的每一點。因此，為了定出雙曲線，只要知道交叉線的交角與兩焦點間的距離就夠了。

事實上，由於縮放不影響角度，所以雙曲線的形狀只由兩切線之間的夾角來決定。有相同夾角、但焦距不同的兩組雙曲線，彼此間只是大小比例不同；兩組雙曲線是相似的。因此，不同的雙曲線形狀，會對應到不同的切線夾角。

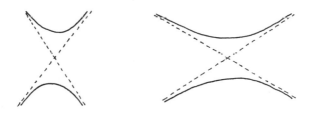

更特別的是，有一種非常特殊的**直角雙曲線**，它的切線會交成直角。

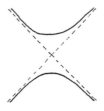

這種形狀的雙曲線，就相當於圓形在橢圓當中的地位；它是衍生出其他各種雙曲線的標準型。意思就是，每一種雙曲線

都是經過伸縮的直角雙曲線。

為什麼每一種雙曲線
都是直角雙曲線的伸縮？

（這裡有個微妙的問題是：我們怎麼知道雙曲線的伸縮還是雙曲線？）

雙曲線與橢圓有許多共通之處。它們有很類似的焦點性質（牽涉到曲線上任一點與兩固定點的距離），唯一的區別在於，對於橢圓，距離和是定值，而對於雙曲線是距離之差為定值。兩者都可以從一個原型——圓及直角雙曲線，做出無窮多種伸縮變形。

說得更確切些，一旦選定了長度單位，我們就能談論**單位圓**，也就是半徑為單位長度的圓。那麼任何一種橢圓，就可以視為單位圓伸縮兩次的結果——在其中一個方向上伸縮幾倍，然後在與它垂直的方向上再伸縮幾倍。

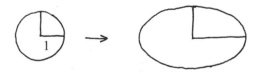

這樣的話，我們也可以把橢圓想成是有一個**長半徑**及一個**短半徑**，這兩個半徑長就完全決定了橢圓的形狀。

如果一個橢圓的長半徑為 a，短半徑
為 b，它的焦點在哪裡？

同樣的，我們也能討論**單位雙曲線**。這會是個直角雙曲線，而且從中心到分支頂點的距離剛好是一單位長。

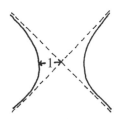

於是，每一種雙曲線就會是這種雙曲線（在兩個方向上）的伸縮變形。

單位雙曲線的焦點在哪裡？

如果在兩個方向上各伸縮 a 倍和 b 倍，

焦點又會跑到哪裡？

橢圓和雙曲線的另一個相似處很有趣，就是焦常數的幾何呈現方式。

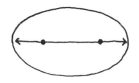
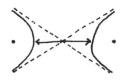

證明：橢圓或雙曲線的焦常數

會等於自己的直徑。

很巧的是，橢圓與雙曲線有類似的切線性質。橢圓的切線性質，就是「撞球台」效應。雙曲線的切線性質是什麼呢？

你能不能找出雙曲線的切線性質？

　　至於拋物線，完全是另一回事了。拋物線有焦點性質，但跟橢圓和雙曲線的焦點性質大不相同。拋物線只有一個焦點，不像橢圓和雙曲線有兩個。我們順著圓錐的斜度切圓錐時，只會產生出一個空間，剛好可容納一個球。

　　也就是說，只放得進一個球，讓它同時跟圓錐及斜面相切。和前面的討論一樣，這個球碰到斜平面的那一點就是拋物線的焦點。於是，拋物線上任一點到焦點的距離，就會等於這個點沿錐面到球的距離；換言之，就是這個點和球與圓錐相切處的圓之間的距離。

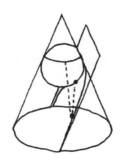

　　在橢圓及雙曲線的情形中，我們還有另一段焦距可以拿來比較一下。但在這裡可就什麼也沒有了。那我們要怎麼理解這段長度的幾何意義？我認為要看出端倪，最好的辦法就是把圓錐橫切兩次，一次切過球與圓錐相切處的那個圓，另一次則切過我們在拋物線上所選的那個點，把圓錐切成像燈罩的形狀。

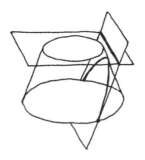

　　這樣就少掉了不必要的累贅。要注意，切過圓的那個平面，與斜平面有一條交線。這條線會是重要關鍵。最重要的是，它只跟拋物線本身有關，而與我們選了哪個點無關。

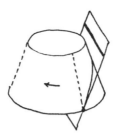

　　好啦，現在要講這個漂亮的觀察結果了。我們感興趣的那段長度（我們所選的那個點到焦點的距離），就是兩個橫切面之間沿著燈罩的距離。這段長度繞燈罩走一圈，都不會改變。

我們可以特別把它移到斜切面的正對面。

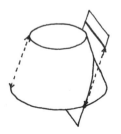

　　現在很容易看出來，這段長度就是從我們所選的點，到那條關鍵直線之間的距離。是不是很漂亮！所以，拋物線可不是只有一個焦點，還有一條**準線**（或稱**焦線**，focal line），拋物線上任一點到焦點和到準線的距離是相等的。

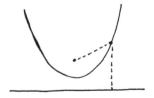

　　拋物線的這種焦點性質，有許多有趣的結果。首先，這表示拋物線一定是對稱的（這沒那麼令人驚訝）。

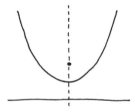

　　由於拋物線完全由一點及一直線來決定，所以要判斷兩條

拋物線是否相同，只要看焦點到準線的距離就行了。

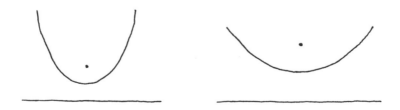

也就是，任意兩條拋物線之間都有比例關係。換句話說，所有的拋物線都是相似的。拋物線實際上只有一種形狀。橢圓與雙曲線有很多種，就看你怎麼拉長，但是拋物線只有一種。這讓拋物線與眾不同。

拋物線經過伸縮，會變成什麼模樣？

你也可以把拋物線想成一個無窮橢圓：當我們固定住橢圓的其中一個焦點，而把另一個焦點送到無窮遠，就會得到一條拋物線。

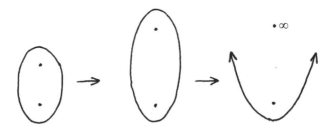

（我們也可以用同樣的方式，把拋物線想成無窮雙曲線。）就某種意義上，拋物線介於橢圓與雙曲線的交界。這馬上又告訴我們，拋物線一定有這樣的切線性質：如果我們從焦點往外

發射，會先碰到拋物線的壁，然後直直彈向無窮遠。

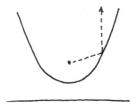

你能不能直接證明這個切線性質，

而不是套用「無窮」什麼的？

更漂亮的是，把拋物線旋轉一圈所形成的曲面——通常稱為**拋物面**（paraboloid），在所有方向上都有同樣的切線性質。

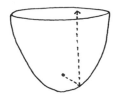

這個性質有很多好玩的實際應用。其中一樣是，如果我們做一個拋物面鏡（形狀是拋物面的鏡子），然後把一個燈泡放在焦點上，光輻射全都會直直向外發出去，一點能量都不會浪費掉。這正是手電筒和車頭大燈的設計原理。反過來使用，拋物面鏡也可當成超級棒的太陽能烤爐。照進來的太陽光全會聚集到一個點。（這正是它稱為焦點的由來。）圓錐曲線是很好的透鏡，可以讓光線依照你希望的用途彎折。

我在圓錐曲線這個主題談了這麼久，是因為我覺得圓錐曲

線實在太美了，而且有這麼多有趣的性質，讓我忍不住多講一些。另一個原因是，圓錐曲線是有辦法講述的。要談曲線，沒那麼容易，相形之下圓錐曲線算是簡單的了。

我想再強調一件事。這些圓錐曲線是很特殊的曲線——並不是每一種碗狀的幾何形狀都是拋物線或雙曲線。大多數的曲線沒有焦點性質或切線性質這樣的特徵。這些性質很特別，值得我們珍視！

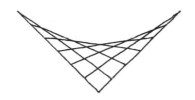

如果像上圖這樣，等間隔畫出連線，

會出現拋物線。為什麼？

最後再補充幾句，是關於圓錐曲線的量度。我們已經討論過橢圓的情形。由於橢圓是經過伸縮的圓，它的面積很容易度量；基於同樣的原因，橢圓的周長不容易度量。確切來說，如果有個橢圓，長半徑為 a，短半徑為 b，它的面積就等於 πab。你知道為什麼嗎？但從另一方面來說，周長隨 a 和 b 的變化就屬於超越函數的範疇了，就有限代數描述的意義上，找不到任何公式。

很不幸，這是預料中的事；拋物線和雙曲線也遇到同樣的麻煩。當然，兩者都是無窮曲線，所以也無所謂周長。但即使

我們在某個點把曲線切斷，它們的長度也無法以代數方法來描述。並非因為它們不太有趣。事實上，我們稍後還會回頭談一下圓錐曲線的長度，到時候我們要用到一些更厲害的度量技巧。

現在倒是有一個量度能做，那就是拋物扇形域（parabolic sector）的面積。

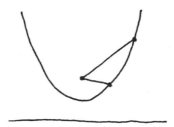

這種區域是由焦點和拋物線上任兩點的連線所構成的。要度量它的面積，最好的方法是拿它和拋物矩形域（parabolic rectangle）來相互比較；拋物矩形域就是從拋物線上兩點畫垂線連到準線，所形成的區域。

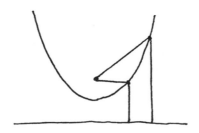

運用窮盡法，阿基米德證明了，拋物扇形域的面積剛好等於拋物矩形域的一半。你也能證明出來嗎？

為什麼拋物扇形域的面積等於
拋物矩形域的一半？

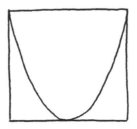

證明：拋物線弓形占了方形面積的三分之二。

30

　　瞧瞧我們斜切圓錐之後，跑出了多少東西！如果像圓錐這麼簡單的形狀都有如此有趣的截面，那麼要是去切更複雜的幾何形狀，會發生什麼情形呢？譬如去切甜甜圈，會得到哪種曲線？

　　我們會發現，截出的曲線是非常對稱的蛋形，但絕對不是

橢圓。它沒有準確的焦點性質或切線性質,也不是任何形狀的伸縮版;它是我們沒見過的全新曲線。我想我們不妨叫它**環面截線**(toric section)吧。

如果再往內切一些,讓切面剛好碰到環面的內緣,會得到更奇特的截面。

這當然不是老掉牙的八字形,而是一種帶有特定模式的特定曲線——來自甜甜圈截面的曲線。這是個相當複雜的幾何物件。這種曲線大概會有哪些性質?我們究竟要怎麼度量這種東西?

前不久我才談過描述的問題。我們能夠討論的形狀,必須具有可描述的模式。幾何學家的工作,就是要想辦法把模式的訊息轉成量度的訊息。模式如果很簡單,事情當然就容易得多。我們的描述越是複雜,就越難說清它究竟是什麼樣的形狀。

悲慘的是,度量幾乎是不可能的任務。唯有最簡單的形狀,才有希望取得量度。儘管如此,這仍然一點也不輕鬆。還記得我們用了多麼巧妙的方法去度量球體?遇到根本就描述得複雜難懂的形狀,取得量度的機會又有多少?

　　我想說的是，除了描述的問題，我們還要面對複雜度的問題。我們處理的形狀不但要有模式，還必須是簡單的模式。問題是，我們只能利用窮盡法去度量彎曲的形狀，要是模式太複雜，很快就會變得難以處理。

　　就某方面來說，情況有點諷刺。先前我們擔心無法描述新的形狀，現在我們卻有一大堆描述方法。例如，我們可以讓一個八字形的環面截線，在空間裡旋轉，形成一個曲面，然後取它的截面。

　　天曉得這是哪種曲線！絕對不是橢圓。沒錯，問題不在於缺乏新的模式。事實上，我們已經建構出不少描述工具：我們可以伸縮、投影、取截面、像帕普斯那樣造出幾何物件，以及連續執行上述這些運作。我們能夠創造出某些可怕到極點的數學物件，但也別想度量它們。我們雖然跳出了描述的油鍋，但毫無疑問又跳入了量度的火坑。

　　告訴你吧，我不在乎。當描述越變越複雜，不但度量變得越來越困難，我也越來越沒興致。我真的不在乎旋轉環面截線的截面會如何。對我來說，做數學的目的是欣賞美的事物，而不是創造一堆越來越繁複的模式，只為了展現自己有能力做到。

　　那麼，還有其他的漂亮形狀嗎？的確有。**螺旋線**（helix）
就是很特別的例子。

　　好了，這種就是我所說的簡單又優雅的形狀！我很樂意思
考這麼漂亮的東西。當然，在進一步討論之前，我們還是需要
某種精確的描述。到底什麼是螺旋線？

　　我最喜歡的想像方式，是假想空間裡有個圓盤，水平放
著，在邊緣特別標出一個點。如果我們一邊旋轉圓盤，一邊讓
它垂直上升，那個特別標出的點的軌跡應該會是個完美的螺旋
線。

　　事實上，這當中要注意一個微妙的細節。要做出真正漂亮
的螺旋線，旋轉和上升必須做到**定速**。要是忽快忽慢，螺旋線
會變得寬窄不一，看起來很不舒服：

　這就表示，我們對螺旋線的描述（假設我們是想要漂亮的螺旋線），不僅要說明這個圓在運動，還要指出運動的*方式*。

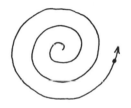

你能不能看出螺線（spiral）
是哪一種運動的結果？

　螺旋線有很多種樣式，就看圓軌跡上升與旋轉之間的相對快慢。要定出螺旋線的形狀，最簡單的方法是指出旋轉半徑，以及圓上那個點轉了一整圈之後上升的高度。

　有的時候，你也可以想像螺旋線是附在圓柱表面上的，就像髮廊門口的旋轉燈那樣。這樣的話，我們就可以透過圓柱的大小和形狀，以及螺旋線的旋轉圈數，來描述螺旋線。

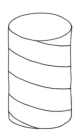

螺旋線的長度要怎麼度量？

螺旋線是一種**力學曲線**（mechanical curves）；所謂力學曲線，就是由運動物體上一點的軌跡所描述的曲線。最迷人的力學曲線，就屬**擺線**（cycloid）了，這種曲線是滾動圓上的一個點的運動軌跡。

擺線是全新的形狀，跟我們先前見過的曲線完全不同，而且它還有不少有趣的性質。當初如果有個「十七世紀最有趣曲線」獎，贏家非擺線莫屬。

擺線的概念有幾個變種。其中一個，是讓圓在另一個圓內滾動，這樣的軌跡稱為**內擺線**（hypocycloid）。當然也可以讓圓在另一個圓的外面滾動，就成了**外擺線**（epicycloid）。

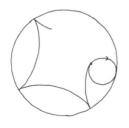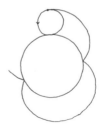

**內擺線的尖點數目，會隨著兩圓的半徑
產生怎樣的變化？那麼外擺線的情形呢？**

　　另一個概念，是讓軌跡點落在滾動圓盤的內部。在內擺線的情形下，這會做出非常美的**花輪**（spirograph）曲線。

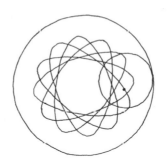

軌跡點如果在中央，會是什麼情形？

　　我會提擺線或花輪線這樣的形狀，目的是讓你看到，自然又迷人的模式是那麼的單純而賞心悅目。這並不是把隨便哪個東西的切面做旋轉投影再做出的截面。基於美學及實用的理由，這些曲線都是有趣的，等著我們去度量，去理解。不過，要理解像擺線這樣的力學曲線，唯一的方法就是去搞懂背後的

運動原理。

　這也把我們帶往下一個全新的情境。到目前為止，我們感興趣的形狀與模式都是靜態的；它們就待在原地不動。接下來我們準備談運動的物體。我們需要把重心從幾何形狀轉移到運動上。

你能不能想個方法
去描述環面上的螺旋線？

有一架斜靠在牆上的梯子，往下滑到地板上。
梯子中點的軌跡，描述的是哪種曲線？

時間與空間

1

什麼是運動？我們說物體在運動，意思是什麼？我們的意思是，它的位置會隨著時間變化。運動中的物體會走到何地，要看你是問何時；何地與何時之間的相互變化，就說明了運動的本質。換句話說，運動是時間與空間的相互關係。

為了描述及度量運動，我們必須要能說出物體在哪裡——要能記錄物體的位置，並且要能知道它在何時走到了那個位置。

當然啦，我們談的不是實物（不管是哪種東西）在實體世界（不管是哪種世界）四處移動的行為。這太複雜了，讓人很不舒服。我們要講的，是發生在純想像的數學實在中的，純想像的數學運動。

所以說，我們的第一個問題是：如何描述空間中的特定位置。我們在量大小與形狀的時候，還不必擔心這個問題；圓錐的體積與它何時在何地毫無關係。不過，一旦物體開始運動，我們就需要能分辨出它的位置。

我所能想到的最簡單場景，就是沿直線運動的單獨一點。

———————◆———————

要描述這個點，我們必須定出它隨時的位置。我們需要一個地圖——即某種參考系統，某種記錄位置的方法。

最簡單的做法，就是在直線上任選一點當作參考點。然後

我們就可以具體說出，直線上的任何一個特定位置與參考點距離多遠。這必然意味著，要選擇哪種長度單位，就像選參考點一樣，是專斷的。直線不像地面，上頭沒有天然地標，必須由我們自行放上去。

結果，我們就替直線上的每個點定一個數值標籤，這樣就能以數來代表位置（但要先選定參考點與單位）。

要注意，代表參考點的數字是 0。這個點通常稱為系統的**原點**（origin）。

事實上，這系統有個小問題：不同的兩個位置可能會分派到同樣的標籤。好比說，參考點左邊距離一個單位的點，會分派到標籤 1，和右邊一單位的點一樣。

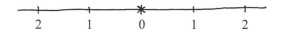

我們需要別的方法，區分這兩個方向；不然的話，如果我們說有個東西在位置 1，就會搞不清楚是指左邊還是右邊。

因此，參考系統不僅需要原點與單位，還需要**賦向**（orientation）。也就是說，我們得決定哪個方向是前，哪個方向是後。當然，選哪個方向都無所謂。抽象的直線不分左右，全看我們怎麼決定。

原點、單位、賦向都決定好之後，我們就能明確指出直線

上的任何一個位置。比方說，我們可以說出有個點在後方的位置 3，這就完全說定了。

更好的做法，是用正數代表一個方向，用負數代表另一個方向。這樣我們就能說，這個點的位置是 −3。

這種系統有幾個好處。其中一項是，它代表所有的位置都可由單一個數來描述，而不是由一個數外加一個方向。更重要的是，它讓我們透過一種漂亮的方法，把幾何和算術連結起來。

首先要注意，往正的方向前進一個單位，就等於是把位置數加 1。

我喜歡把這種運動看成移位。我會假想整條數線移動了位置（在這個例子裡，是往右移），所以原來的位置 0，現在變成位置 1，以此類推。每個數都移位了；我們可以移動 2 個單位或 $\sqrt{2}$ 個單位或 π 個單位。也可以往反方向移，（往後）移 2 單位，就會跑到 −2 這個數。

從幾何上看，移位並不會改變距離，所以是好事。如果兩個點在移位之前相隔了某段距離，移位之後仍保有相同的距離。像這樣可讓距離保持不變的幾何變換，稱為**保距映射**

（isometry，這個希臘文的意思是「相同度量」）。保距映射有個
很好的特點：連續做兩次保距映射的結果，仍是個保距映射。
譬如你先移動 2 單位，再移動 −3 單位，最後還是移位：共移
動了 −1 單位。因此，不但兩個移位合起來變成一個移位，相
對應的正數或負數也會相加。

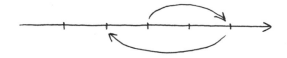

　　這表示，移位的幾何與數字的相加，兩者具有同樣的結
構。用數學的術語來說，這兩個系統是同構的（isomorphic）。
數學家總是會留意，明顯不同的結構之間是不是同構。
　　所以，利用正負數代表方向的主要好處，就是讓我們得到
「移位保距映射」和「加法作用下的數」這兩個群組之間的漂
亮同構。
　　當然，還不只這個。除了移位，還有其他很自然的幾何變
換，比方說，鏡射。鏡射是很好的變換，因為是保距映射。如
果把一個點從原點的其中一邊鏡射到另一邊，會發生什麼情
形？當然，該點的位置數會正負變號；例如位置 3 會鏡射到位
置 −3，反之亦然。因此可以說，算術中的正負變號運算，就
相當於幾何概念中的鏡射。

以原點以外的其他點為中心的鏡射，

相當於算術中的哪種運算呢？

直線還有其他的保距映射嗎？

縮放也是很好的例子。如果我們把數線放大 2 倍，所有的距離也會加倍，因此放大之後，一個點與原點的距離就變成兩倍遠。換句話說，它的位置數會乘以 2。這表示，縮放相當於乘法。

那要是乘上負數呢？如果是負數，不但有縮放（倍率等於那個數的大小），還有鏡射。例如乘以 −3，效果就是拉長 3 倍並且翻面。

這也表示，包含正負數及加減乘除在內的整個算術系統，全都可以對照到幾何上的數線體系。我特別喜歡這種對應關係，因為它解釋了我們決定讓 (−2) × (−3) = 6 的理由：放大 2 倍再做鏡射，然後放大 3 倍再做鏡射，結果就相當於放大 6 倍。

無論如何，現在有了一套很方便的方法──數值參考系統，讓我們在一條直線上定出點的位置。再強調一次，這樣的系統由原點（參考點）、單位長度（用來度量距離）以及賦向（以哪個方向為正的方向）組成。要了解的重點是，這些組成

要件是特意選出來的，跟我們本身有關，而與眼前的空間無關。空間沒有方向性，沒有先天的單位，也沒有特別的所在位置。在我們做出選擇之前，並無左右、上下、大小、彼此之分。

事實上，我們也不一定非要在直線空間上設立這種系統；任何一條曲線都可以。

如果想知道沿某條曲線運動的點的所在位置，我們可以像前面那樣建構一個參考系統——選擇任意一個原點、單位與賦向。然後，曲線上的每個位置就會有專屬的數值標籤。

如果曲線是封閉的或是
自我相交，又是什麼情形？

位置在 a 和 b 的兩個點，
距離有多遠？中點在哪裡？
位於 a 到 b 之間
三分之一處的那個點呢？

2

既然有辦法定出點在直線上的位置,現在不妨也在平面上試試看。平面的地圖要怎麼做?可以考慮仿照街道圖的系統:

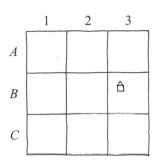

當然,這種網格系統(譬如某某街道位於 **B-3** 這格)對於我們想做到的事來說,太簡陋了。如果想描述平面上一點的運動,就需要知道該點在任何時候的位置。我們需要最好的網格系統——所有格線之間完全沒有空間的那種系統。換句話說,每個橫向和縱向位置都需要給個標籤。習慣上,我們會利用兩條數線,一條橫的,一條縱的。(而且傳統的做法是,兩條數線使用同樣的單位,並相交於原點。)

　如此一來，平面上的任意一點就能用橫的位置數及縱的位置數來標示。這跟街道圖的概念一模一樣，只不過圖上並不是用街區，而是每個方向上的所有可能位置。

　還有一個地方很不同，那就是：平面沒有先天的地標。沒有「市中心」，沒有「北方」，也沒有像公里、英里這類約定俗成的距離單位。平面上的網格，也就是**坐標系**（coordinate system），是我們強加上去的，是特意選定的。假想的平面上沒有縱橫之分，這些只是為了自己方便而做的選擇。替平面加上坐標，就等於選了任意兩個（通常相互垂直的）方向，並把其中一個稱為橫坐標，另一個稱為縱坐標。顯然沒有哪個做法是最好的。

　我覺得應該要再深入了解一下我們所做的選擇。首先是關於參考點或原點的選法。它當然可以在任何地方；你可以決定想把它放在哪裡。然後是單位，這也是看你想怎麼定。通常我會根據正在討論的物件和運動，來選擇我想要的參考點和單位——也就是視眼前的情況來量身訂做。

　最有意思的選擇，要算那兩條數線了。由於我們得替每條線給個方向，也就是必須選擇哪個方向是正、哪個是負，因此最好想著自己所選的其實是兩個方向，而不是兩條線。換言之，我們要選出水平格線及垂直格線的正方向。

　選定方向之後，還有一件事要做：定出哪個是哪個。對於街道圖，習慣上會使用英文字母代表一個方向，用數字代表另一個。這可以避免混淆。但在我們的坐標系裡，這種做法應付

不了，因為英文字母數目有限。所以，我們要用順序來區分：
選其中一個方向當作第一個，另一個方向當作第二個。如果你
想以橫向、縱向稱呼，或把兩者對調，也沒關係，只是你要知
道這些字詞是沒有意義的。像上下、順時針反時針、左右、縱
橫之類的字詞，都在指涉事物相對於你身體的所在方位。當澳
洲人和加拿大人把手往上指，方向都是從自己的腳指向頭，但
在整個空間裡卻是分別指向（大致）相反的方向。

　　重點在於，我們應該選出兩個方向，並指定其中一個為第
一個方向，另一個為第二個方向。這組選擇就構成了平面的賦
向。特別是，我們可以選定某個旋轉方向，當作順時針方向，
譬如從第一方向朝第二方向轉。於是就如同直線的情形，平面
的參考系統也包含了一個原點、單位及賦向。

　　底下是兩個非常好的坐標系（我用一個箭頭來標示第一方
向，而以雙箭頭標示第二個方向）。

　　建好了這樣的系統之後，平面上的每一點就會有獨一無二
的標籤，這個標籤包含了兩個數。習慣上，我們會把這種標籤
寫成數對，例如 (2, 3) 或 (0, π)。

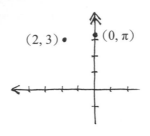

平面上兩個點之間的距離
會如何隨這兩點的坐標而變化？

就像直線的情形，我們也能把平面位置的幾何體系與移位的代數系統搭上關係。平面的移位，會使每個點朝特定方向移動某段距離。同樣的，連續兩個移位的結果，仍是個移位。要描述這種移位，最好的方法是用適當長度及方向的箭頭。

像這樣的箭頭，叫做**向量**（vector，這個拉丁字的意思是「搬運者」）。由於每一種移位相當於一個向量，每個向量對應到一種移位，所以把兩個向量相加，會得到另一個向量。意思就相當於：兩次移位的結果會是一次總移位。

最簡單的思考方式，就是把向量想成一道指令，而相加，就是遵從改來改去的指令。

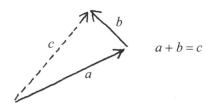

$$a + b = c$$

因此，移位的幾何就等於向量代數。之前不明白這一點，是因為直線上只有兩個方向。但當然，你也可以把正負數看成向量，如果你願意的話。

向量的縮放結果很顯而易見：只把向量拉長（或縮短）了，但方向不變。所以，我們可以把一個向量乘或除以 π 倍；我們也可以把向量倒轉過來，即長度相等、方向完全相反的向量。當然，把一個向量乘上負數，既會使它伸縮，也會改變它的方向。

兩個向量要怎樣相減？

同樣的，移位保距映射與某種代數之間，也有很好的同構性質。向量的重要性在於，它把幾何訊息寫成代數編碼。特別是我們可以替平面上的位置，構想出一個根據向量的簡單參考系統；如果選出了固定的參考點，平面上的每個位置，就可以想成是從這個原點出發的箭頭所指到的那點。

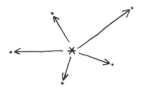

換句話說，平面上每一點都對應到一個向量（相對於選定的原點）。這種參考系統比較像雷達螢幕，而不像街道圖。

如果兩個點以向量 _a_ 和向量 _b_ 來
描述，那麼哪個向量代表兩點的中點？

你能不能利用向量代數來證明，
三角形的三條中線（頂點與對邊中點的連線）
相交於一點？

向量與坐標之間，有個非常簡單又自然的關係。在建立坐標圖時，是先選了一個原點，然後是兩個方向。我們可以把這兩個方向想成向量。最好的做法會是，用所謂的**單位向量**（unit vector），即單位長度的向量，來代表這兩個方向。所以，我們現在有第一及第二個單位向量。

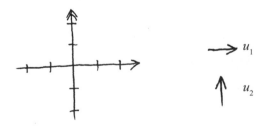

這樣我們就不說「一個點的坐標是 (2, 3)」，而可以改說，對應的位置向量是兩個向量之和：把第一個單位向量放大 2 倍，再加上放大了 3 倍的第二個單位向量。意思就是，我們可以寫出像 $p = 2u_1 + 3u_2$ 的代數描述，來描述我們所在的位置。這並不是說這兩種系統有任何實質上的差異，我們只是稍微改變一下觀點和記法。附帶一提，系統不一定非得是直角不可；也就是說，兩個方向或單位向量不一定要相互垂直。這樣仍然會有個十分有用（雖說歪歪斜斜）的平面圖。

兩個向量之間的夾角，會如何隨坐標變化？

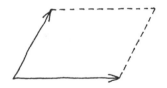

由兩向量構成的平行四邊形的面積

會如何隨坐標變化？

3

那麼三維空間呢？也能依樣畫葫蘆嗎？的確可以！只是還需要第三個方向：

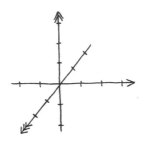

在三維空間的情形下，賦向包含了三個（通常是互相垂直的）方向，依序為：第一、第二、第三方向。這樣的話，空間中的每個位置就可以由 (a, b, c) 三數組來指定，或是寫成單位向量和 $au_1 + bu_2 + cu_3$。接下來的討論和直線、平面的情形相同，包括移位保距映射與向量代數之間的同構。但仍要記住一件事：參考系統是人為附加到空間上的；參考系統並不是空間原本就有的東西。我們這麼做，是為了要記錄運動中的物體。如果我們夠聰明，不必靠這種系統就辦到這事，那就不會這麼費工夫了。把坐標系放進空間裡，是吃力不討好的事，能避就避。

不管怎樣，我們現在總算有一套方法，可定出空間位置：直線上的點可由數字來表示，平面上的點可由數對來表示，而空間中的點可由三數組來表示。空間每增加一個維度，就需要新添一個可讓你丟數字進去的投幣口，每個投幣口都對應到一個獨立的新方向。

這正是維度代表的意義——用來標示出空間裡不同位置所需的坐標數目。由此可見，直線或曲線是一維的，平面或球面

是二維的（經度和緯度就是一例），而立方體的內部空間是三維的。一個空間的維度，就是能夠大致定性描述該空間裡生活樣貌的那個數——也就是你能夠四處活動的自由度。

那麼四維空間呢？真有這種空間嗎？如果要問是不是真的有四維空間，還不如問：真有三維空間嗎？我想，看樣子是真的有。我們（顯然就）在其中四處走動，萬物看上去、摸起來也根本就像是三維世界的一份子，不過真要說起來，三維空間其實是抽象的數學物件——想當然是憑著我們對真實世界的知覺而造出來的，終究是假想的。因此我認為，不該把四維空間歸類成什麼特別神祕的東西。有各種維度的空間，沒有哪種空間比其他空間更加真實。真實生活裡既沒有一維空間，也沒有二維空間，數字 3 之所以地位特殊的唯一理由，只是拜人類感官之賜，讓我們產生這樣的錯覺。

我要說的是，我們大可照同樣的方法，也就是用四數組，來討論四維空間裡的位置。或者，我們可以想像四個相互垂直的單位向量，於是這四個向量的各種組合，就能描述四維空間中的位置。最大的差別在於缺乏後盾——我們欠缺四維空間的視覺或觸覺經驗，卻又喜歡把東西畫在紙上，但紙張（大致上）是二維的，所以要畫出四維空間確實有些困難。儘管這很討厭，但我們其實大可放心，因為圖像反正沒多大意義，而對於四維空間裡的物件，如果想要理解或證明，終究得靠推論來達成，就像數學上其他的東西一樣。

四維的立方體有多少個隅角？

沒錯，是有四維空間這種東西：它只是所有由四個數組成的四元組[1]的集合體。其他維度的情形，也可以類推。沒有理由說我們不能處理八維或十三維的空間。我想我應該說，四維（歐氏）空間其實就是，所有這種由直線上的點組成的四元組所形成的集合——也就是說，四維空間裡的每一點，都是一維空間裡的點的四元組。數的四元組的集合，事實上是此空間的地圖，並不是空間本身。

有件事我特別反感，就是聽到大家（尤其是科幻電影！）講「第四」維（次元）這種東西。並沒有第四維——也沒有第一、第二維、第三維。（哪個是第三維呢？寬度嗎？）維度是不分次序的，並不是原本就存在的實體，所以沒有所謂的第四維；空間有很多，而其中一些空間剛好是四維的。換句話說，維度是附加於空間的一個數，每個空間都有一個維度——亦即，此空間的地圖所需要的坐標數目。

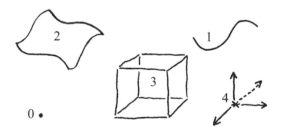

---

1 譯注：寫成數學形式，n元組就是指$(a_1, a_2, ..., a_n)$。

近代數學則把維度當成不變量來看——而且是一種最頑強的不變量。不管空間扭曲變形得多劇烈，維度都不會改變。球體表面是二維的，無論你怎麼拉扯、壓凹、扭轉，仍是二維的。

在數學上，主要是把維度當成分類（classification）的工具。大多數的人都愛把東西分門別類，幾何學家也不例外。就像生物學家喜歡把生物分成不同的類別（動植物、真菌等等），幾何學家也有雜七雜八的圖形要對付，自然想替這麼多幾何圖形做些歸類。

生物最重要的特徵是，它們是活生生的。生物會轉換能量，生物學家就可以根據能量轉換方式（例如光合作用、呼吸、發酵作用），來區分動物和植物。

在我看來，幾何物件的最重要特徵是能夠度量。所以按照度量方式來區分形狀，是很合理的。曲線不同於面，是因為長度不同於面積。

從某方面來說，這差異很細微。我們說要度量一個圓的圓周長與面積，所說的其實是完全不一樣的物件。圓周長是指圓這種曲線的長度量度；面積則是指圓內所涵蓋的面，通常稱為圓盤（disk）。同樣的，幾何學家利用球（sphere）這個詞來指二維的曲面（即球面），而用球體（ball）來指稱實心球。因此，我們是在度量圓的長度、圓盤或球面的面積，以及球體的體積。

所以說，一維空間（也稱為曲線）對應到一維的量度，即

長度；二維空間（面或曲面）是度量面積；立體占有體積。

四維的盒子體積有多大？
對角線有多長？

請證明：四維的角錐
體積占了四維外盒的四分之一。

四維空間裡的圓錐是什麼模樣？
你能不能度量它的體積？
四維的球又是什麼情形？

維度在幾何學上的地位，就如同「界」在生物學上的地位：它是分類層次的最上層。圓錐面與立方體表面，兩者看似不同，但比起直線或是球體的內部空間，這兩種面仍然很相近。

還有一個思考維度的好方法。假定有幾個維度不同的幾何形狀，我們把它們縮放 r 倍。於是，量度的大小會依據形狀的維度，而有不同的縮放結果。曲線長會變成 r 倍，曲面的面積會變成 r^2 倍，而立體的體積則變成 r^3 倍。因此，維度成了縮放倍數的次方數。

角的維度是什麼？

4

　　為了描述運動，我們不只需要可定出位置的方法，還需要能夠判定時間。不過，我們所講的當然不是真正的、會在物質世界裡流動的那種時間（也只有上帝知道那種時間是怎麼回事！），而是在說一種純抽象的數學時間，就像數學上的每種東西，是我們必須去創造出來的。我們希望數學時間代表什麼意義呢？

　　最漂亮的答案就是：時間是一條直線。這條直線上的點代表瞬間，在直線上移動，則相當於時間往前流動或是倒流。以一條直線來代表時間，是很有趣的選擇，因為這樣我們就有辦法從幾何的角度，來思考（至少在我看來）並不屬於視覺上的東西。

過去　　　　　　現在　　　　　　未來

　　那麼我們要怎樣知道現在的時間呢？當然需要某種時鐘啦。不過，時鐘究竟是什麼東西？答案是：參考系統！是把數值指派給時刻的方法。要建構這個時鐘，步驟就和我們針對空間所做的一樣：選出原點（參考時間）、時間單位，以及賦向（譬如順時針？）。這些都選定之後，每個瞬間就可以由一個（正或負）數來代表。

　　有的時候我喜歡把運動想成是實驗，把時間線想成是我的碼錶。於是，原點就是我開始實驗的瞬間。假如我們的時間單

位是一秒（當然也可以自訂），那麼 2 這個數就代表實驗開始
兩秒後的那一瞬間，而 −π 這個數則會對應到實驗開始之前的
π 秒鐘。

　　就像空間參考系統，時鐘當然也是特意選定的，我們可以
依照自己的目的，設計合適的時鐘。

　　我們可以想像有個點做某種直線運動，比方說先加速後減
速，或是運動方向變來變去。假定我們替時間和空間都選好了
很方便的參考系統，也就是點的位置以及各時刻各由一個數來
表示。

　　這麼一來，只要知道哪個時間數配上哪個位置數，我們就
能完全描述出點的位置。譬如時鐘讀數為 1 時，點的位置在
2，那麼這個資訊（時間 1 時在位置 2）就構成了運動歷程中的
事件（event），而若能得知所有像這樣的事件，就等於知道了
整個運動歷程。在幾何上，我們可以把這樣的事件用一對點來
表示，一個點在空間線上，另一個點在時間線上，兩者由這個
點本身的運動關連在一起：

　　當然，只知道一個甚至一百萬個這樣的空間時間對應，是
不夠的。我們必須知道所有的對應。這就像我們非得知道幾何
形狀上的每個點，才有辦法度量它，如果想要度量運動，也必

須說得出物體每一刻的位置才行。所以我們又遇上了描述的問題：一個運動必須具備能夠描述的模式，否則無從談起。

這就表示，基於給定的參考系統，位置數與時間數必須符合某種數值關係，而且是我們能夠在有限時間裡陳述出來的數值關係。

譬如假定有個點做等速運動，我們也選好了時間單位（例如秒）和空間單位（例如公分），並假設這個點的速率是每秒 2 公分。如果我們把時鐘校準，讓這個點在實驗開始時位於 0 的位置，那麼我們也就知道，時間數為 0 時，位置數也為 0。

若以字母 t 代表時間數，字母 p 代表位置數，我們就能說：$t = 0$ 時，$p = 0$。另外，$t = 1$ 時，$p = 2$；還有 $t = 2$ 時，$p = 4$。我們甚至可以列表：

t	p
0	0
1	2
2	4

由於這個點在做等速運動，因此我們知道位置數永遠是時間數的兩倍。所以 $t = 1/2$ 時，$p = 1$；$t = \sqrt{2}$ 時，$p = 2\sqrt{2}$；而 $t = -\pi$ 時，$p = -2\pi$（假設這個點是在我們按下碼錶之前就開始運動）。

這也意味著，我們知道這個運動歷程中的每個事件，因為它的模式是可描述的。不管是「有個點以每秒 2 公分的速率做等速運動」這句話，或是更為精簡的 $p = 2t$，都能徹底描述出

這個模式。但要注意，兩種描述都會隨單位而變化：如果選了不同的時間單位或距離單位（或是兩者皆不同），就會產生同一種運動的不同描述。

實際上，要是一個點在直線上朝著固定的方向做等速運動，我們總是可以想辦法選定方向、單位及原點，讓位置與時間的模式恰好就是 $p = t$。當然，若是有兩個點在同一直線上朝著不同的方向運動，就沒辦法選定參考系統，使得兩種運動都能有如此精簡的描述。

請設想在同一條直線上運動的一對點。
這兩個點會在何時、何處相撞？

還有一個（也許有點蠢的）運動例子，就是站在原地不動的點。如果選這個點當作原點，那麼運動（或未運動）就可以描述成 $p = 0$，當中完全沒提到 t。

重點是，寫成「位置數等於 XXX」這種形式的關係式（當中的 XXX 與時間數也許有關也許無關），是在描述特定一種（相對於參考系統的）運動。必要的條件只有，對於每個時間數的值，這個模式都要指定一個明確的位置數。這正是運動的本質——它是時間與空間的相互關係，可指出每個瞬間的確切位置。

就像前面討論幾何形狀的時候，我們想辦法要從模式的描述中，取得量度的資訊（例如長度、面積、角度），現在我們也很想弄清楚該怎麼找出運動的模式，並把這些模式變成量

度。我們想知道，它運動得多快？朝向哪個方向運動？行進了多遠、花了多久才跑到那麼遠？諸如此類。

位置數與時間數之間呈現哪種關係時，

是代表等速直線運動？

5

運動這麼不容易討論（至少比幾何形狀和大小來得不容易些），其中一個原因是沒有圖像。幾何圖形具有形狀，但運動是關係式。關係式要怎麼「看見」呢？

當然，畫圖是一個辦法。若是遇到做直線運動的點，我們可以假想有個坐標圖，以時間為橫軸，位置為縱軸。

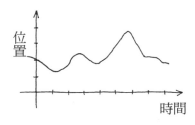

每個瞬間（即時間線上的一個數值），都會對應到一個位置數，我們可以把這些數值直接標示在圖上，這樣就能描繪出運動模式的圖像了。

要注意，我們最後畫出的是一條曲線。這條曲線的含意，

必須先弄清楚：它是在記錄這個點的運動，並不是這個點所走出的軌跡——這個點是沿著直線前進的。它在一維空間裡行進，而我們所畫出的這條運動曲線，是在二維空間裡。

這個二維空間很有意思。它不完全是空間上的，因為其中一個維度對應到時間，但也不完全是時間上的，因為另一個維度代表位置。這稱為**時空**（space-time）。你可以把時空裡的點當作事件，這樣一來，由事件構成的曲線就是運動。

等速率直線運動的時空圖
會是什麼樣子？

照這樣看來，所有的運動都可以想成是靜態的——空間裡的運動等同於時空裡的曲線，而這條曲線是靜止不動的。舉例來說，你可以想像有兩個點在一條直線上對向飛馳，接著像兩顆撞球般對撞，然後彈開。它的時空圖畫出來也許會像這樣：

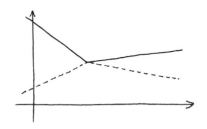

然後要能夠正確解讀這種圖示的意義：這兩個點並不是在平面上運動，而是在一條直線上運動。會畫出平面圖，是因為我們額外加了時間這個維度。一維空間裡的運動，會對應到二維時空裡的曲線。物理學家如果想弄清楚撞球和其他運動物體

的行為，並不是直接問物體在宇宙中是怎麼運動的，而是這麼問：哪些曲線在時空裡有可能存在？

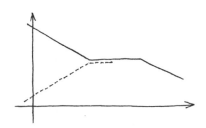

如果兩隻蟲子照著上面這張時空圖描繪的運動模式
沿著桌邊爬，會是什麼情形？

當然，更高維的情形也一樣。平面上的運動，會對應到三維時空裡的曲線。我喜歡用垂直於平面朝上指的方向來代表時間，這樣的話，一個點在平面上遊走，它的時間曲線就會位在每個瞬間的位置的正上方。

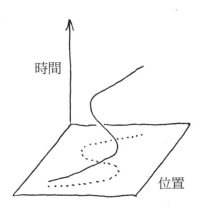

時間

位置

同樣的，這也是原來那個運動的靜態幾何圖示。我們所做

的交易，是拿運動來換取維度。這麼做，會得到靜止不動的圖，是比動態的圖來得單純，然而代價就是必須增加維度。我們不是非得進行這項交易不可，但至少這是一個選項。

順帶一提，這也意味著三維空間中的運動，會對應到一條四維曲線，意思就是，你本人和你在這世上的一生，不過是一條四維時空曲線而已。實際上，由於我們是由空間裡好幾兆個不停扭動的粒子組成的，所以生命更像是好幾兆個無窮小細線彼此纏繞成的長帶。整個荒唐可笑宇宙裡的所有事件，包括過去、現在及未來，全都揮灑在這個四維畫布上，我們只是最細微的筆觸罷了。

嗯哼。重要的是，只要增加一個維度，我們就可以用曲線這種單一的、靜止不動的幾何物件，來取代運動（空間與時間的關係）。

也就是說，**運動學**（kinematics）其實等同於幾何學。某物體的運動方式，完全表現在它的時空曲線的幾何圖形上。了解特定空間裡的運動，就等於了解更高一維的空間裡的幾何圖形。

因此，我們不僅可以用幾何來研究運動，也能反過來，由運動來研究幾何。有些時候，我們會對某種曲線感興趣，理由純粹是幾何上的，但這種曲線最後卻能當成某個運動的時空圖像。運動與幾何圖形之間的種種關連，正是因為我們拿直線來代表時間的緣故。尤其是，只要我們高興，隨便一條幾何直線都可以當成時間線。

平面上的哪些曲線可以當成
一維運動的時空圖像？

我覺得重點是要理解，運動其實是一種數學關係，我們要問的核心問題正是這個關係。不管你想把它看成空間裡的運動，或是視為時間裡的曲線，都是次要的問題。終歸來說，做幾何學或力學的時候，我們並不是在研究幾何圖形或運動，而是研究數學關係。雖說關係圖是很不錯的視覺呈現，也許能提供一些想法（就像把這種圖示當成運動，也可能會提供不同的想法），但是要得到精確的量度資訊，只能從關係模式下手。

假如時間是二維的或圓的，又會是什麼情形？

6

起初我之所以開始談運動，是想了解螺旋線、花輪線這類力學曲線。這些幾何形狀是由滾動圓上的點所描述的軌跡。僅次於直線等速率運動，我所能想到的最簡單的運動就是：圓上一點沿著圓周的等速率運動。

當然，如果只是有一個點沿著圓周運動，那麼本質上就和直線的情形一樣。我們可以在圓周上任選一點當作參考原點，選一個繞圓的方向當作正向，然後就得到一個類似數線的數圓。

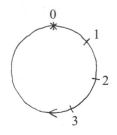

藉由這種方式，我們可以記錄這個運動點隨時的位置。唯一的小麻煩是，由於圓形是閉合的，所以數字會不斷覆蓋上去，每個點就會分派到無窮多個標籤。圓周長將會是某個定值（要看我們所選的單位而定），而對應到同一個位置的各個數之間，差值就會等於圓周長的倍數。譬如我們讓圓周長等於單位長度 1（有何不可呢？），那麼這個坐標系的原點分派到的標籤就會是 0 和 1，還有 2、3、−1，以及所有其他的正負整數。

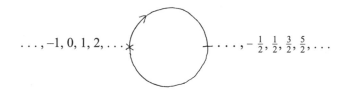

除了每個點會有多個坐標之外，數圓和數線沒什麼不同。我們可以像看時鐘那樣，描述圓周上的運動。用來描述直線等速率運動的簡單關係式 $p = t$，也可以用於等速率圓周運動。

事實上，不管什麼曲線，情形都是如此；所有的曲線都可以照這種方法加上坐標，所以不管描述哪種曲線上的運動，都是一樣的。換句話說，所有的曲線本質上都相同。好吧，這麼

說也不完全正確；還是有開曲線和閉曲線的差別。不過，這是唯一的差別了。從結構來看，任意兩條開曲線是相同的，而任意兩條閉曲線也是相同的。也就是說，如果你的宇宙是一維的，我的也是，那麼我們兩人的宇宙無法區分出差異。假如我們都選好了參考點及單位，定出坐標系，那麼我的宇宙裡的每個位置，都會對應到你的宇宙裡的一個相應位置，而且沒有哪項實驗能夠偵測到兩者的差別——當然有個實驗例外：朝某個方向遠走，看看能不能回到原地。從分類的觀點來看，一維的幾何結構就只有兩種。（我排除了空間在邊界點突然切掉、像是線段這樣的情形。）

就近代的意義而言，幾何結構是某種具備了**度量**（metric，一種距離概念）的空間，而兩個幾何結構之間如果有某種對應關係，能讓點與點之間的距離保持不變，這兩個結構就可以視為相同。換句話說，保結構變換正是保距映射。

所以假如有兩條曲線，假設其中一條是歪歪扭扭的，另一條是直的，我們可以按照自己的意思替它們定出坐標，同時也就建立了兩者之間的保距映射；也就是說，我們用同樣的數值標籤，讓兩曲線上的點產生對應。

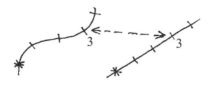

不過，彎線和直線如果在幾何上是相同的，那彎**曲**二字又

代表什麼意義呢？我們看著其中一條，說它是直線，而另一條
不是，是因為注意到兩種形狀哪裡不同嗎？

　　從內稟（即內部）的觀點來看，這兩種空間裡的居民有一
模一樣的經驗。兩者的區別是外部的。兩種曲線的本身是相同
的；差異在於它們擺放進平面的方式。生活在平面上的二維生
物，**才有辦法**察覺到這種差異。比方說，他們可以測量其中一
條曲線上兩點之間的距離（我所指的是兩者在平面上的距
離），然後跟另一條曲線上對應的距離測量值比較一下。

　　好了，量出的這兩個距離值不會一樣。問題就在於，一維
的生物是用他們世界裡的直尺，所以他們沒辦法測量出，自己
的世界相對於周圍更大的宇宙而言，彎曲的程度有多大。

　　所以，**彎曲**二字的意義是指，一個空間包在另一個空間
內，而且它的內稟度量與外部空間的度量不一致。平面上的直
線是直的，是因為不管你從內部去測量還是從外部，都會量得
同樣的距離（當然，我們假設一維生物和他們的二維夥伴，用
了同樣的測量單位）。

　　因此，**彎與直**是相對的概念。在你把它丟進更高維的空間
之前，一維空間既不是直的，也不是彎的。擺放進去之後，就
可以比較一下兩者的度量。與其說曲線本身是彎曲的，不如說

它的嵌入方式是彎曲的。

　　一般說來，只要一個空間處於另一個空間內，不管它是平面上的曲線、球面上的弧，或是懸在空間裡的環面，較大的「母」空間就會在較小的空間上導入一個度量。然後，我們就能把這個「子」空間可能帶有的其他內稟度量，拿來與它承接自母空間的度量比較一下。如果一致，就表示小空間擺放進大空間的方式是等距的——或說直的或平坦的，你想怎麼說都行。如果不一致，就變成彎的。

　　這當然是近代幾何學的觀點。照這樣解釋起來，圓和其他曲線本質上是平坦的。有個很好的理解方法，是把平坦的圓想像成兩端「有魔法」的棒子：

　　整個概念是，你駛離其中一端，會馬上在另一端現身。換句話說，兩個端點根本就代表同一個位置。重點是，這個魔法空間與傳統上對於圓的概念，並沒有本質上的差異。讓一個圓呈現圓形的，是它放置進平面的方式。

你能不能替一個平坦的圓柱

設計出「魔法曲面」圖示？

如果是平坦的圓錐面或是環面呢？

　　長篇大論說了這麼多，其實是要說明，圓周運動要拿去和其他東西相比較，才名副其實是圓形的。擺線就是很好的例

子：圓上的一個點不僅是在沿著圓周運動；那個圓同時也在沿著直線滾動。要理解這種運動，我們必須知道，圓周運動看起來的樣子並不是從圓的內部來看，而是從外部平面的觀點所看見的。

每條曲線都可以在度量未經扭曲的情況下
被拉直。曲面也可以嗎？

在球面上的直線是什麼模樣？
在圓柱面、圓錐面或環面上呢？

7

那麼，我們應該要問的問題是：圓是以什麼方式放進平面的。從本質上說，我們有兩個坐標系可以用：一個是內稟的圓坐標系，另一個則來自周圍的平面空間。我們想知道這兩個坐標系的對照。

當然，不論對圓或是對平面，都沒有獨一無二的坐標系。坐標系取決於你的選擇。如果選得很彆腳，兩個坐標系之間的關連也就很彆腳。

那麼哪種選擇最好呢？既然是一個圓放進平面，首先就可以在平面上選個參考點。除了圓心，我想不到更好、更對稱的位置了。

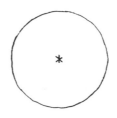

　　至於兩個方向，不妨就相互垂直，這樣的話，因為圓的對稱性，所以無論我們怎麼選都可以。那好，我們就隨意挑一個方向，稱它為橫向，然後把另一個方向稱為縱向。習慣上，這兩個方向分別是由左往右以及從下到上，但當然，這由你全權決定。假定我們現在是照著平常的做法。還有一個慣例，是把橫坐標當成第一坐標。坐標系的方向選好之後，得選個度量單位。既然圓是眼前唯一的有趣事物，不如就選圓的半徑來當作單位。

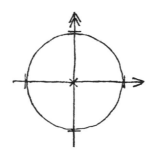

　　平面上的直角坐標系，現在都設定好了。平面上的每個點（特別是圓上的那些點），都能標上一個坐標，這個標籤由兩個數組成。譬如圓的最上面那個點，標上的坐標是數對 (0, 1)。

　　另一個我們感興趣的坐標系，是圓本身的坐標系；那是個

一維的系統。只要曲線放進曲面，幾何討論就會歸結到一維與二維坐標系之間的比較。

　　若要設立圓坐標系，就必須在圓上選一個參考點。我覺得沒有哪個點特別突出，我想不如就從圓與兩軸相交的四個點當中，選出一點，而典型的選擇應該是最右邊的點 (1, 0)。這一點也不重要。然後是順時針、逆時針的問題。哪個方向是正的？同樣的，無所謂。傳統規定，逆時針方向（即從第一個方向轉到第二個方向）是正的。那麼我們就從最右邊的點開始，按逆時針方向沿著圓周放上單位。我們當然會用同樣的單位，就像在直角坐標系的做法，因此不必做什麼換算。換句話說，我們直接用圓自己的半徑當尺來丈量。根據這樣的系統，圓周長為 2π，所以最上方那個點的標籤會是 $\frac{\pi}{2}$，因為是整個圓周的四分之一。（當然，它還會有 $\frac{5\pi}{2}$、$-\frac{3\pi}{2}$ 這些多到數不清的標籤，因為圓是封閉的曲線。）

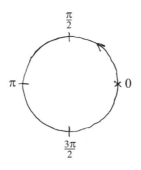

　　現在重點來了。圓上的每個位置，都有一個圓坐標，還有一個直角坐標。譬如最上面那個點，是在圓周上 $\frac{\pi}{2}$ 的位置（意

思是它與起點沿著圓周的距離為 $\frac{\pi}{2}$），但它的直角坐標卻是 (1, 0)。圓坐標系的原點，當然標為 0，它的直角坐標（按照我們的選擇）則是 (1, 0)。對於平面上的圓，最基本的問題就是要知道這兩種坐標系之間該如何轉換。倘若沒辦法在直角坐標系與圓坐標系之間切換，我們也不可能理解滾球之類的事情。

假設這個圓上的某個地方有一個點，令它的圓坐標為 s。接下來的問題就是，這個點的直角坐標，就叫它 x 和 y 吧，和 s 之間究竟有什麼相互關係。

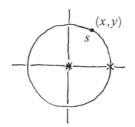

根據我們定出系統的方法，我們知道，$s = 0$ 時，直角坐標會是 $x = 1$，$y = 0$。我們甚至還能把四個交點的兩種坐標列成一張圖表：

s	x	y
0	1	0
$\frac{\pi}{2}$	0	1
π	−1	0
$\frac{3\pi}{2}$	0	−1

至於其他的點，對應關係就沒那麼明顯了。譬如從原點到圓頂端的中點，它的圓坐標當然就是 $\frac{\pi}{4}$，也就是整個圓周長的

八分之一。但要怎麼用上下左右式的系統，來描述那個點的位置呢？

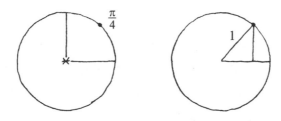

　　有個辦法是利用小三角形。上圖中這個直角三角形裡的角，是八分之一圈（即 45 度），可見這個三角形是半個正方形。由於我們選了圓的半徑當作單位，所以三角形的斜邊長為 1。因此，它的兩個短邊的邊長一定都是 $\frac{1}{\sqrt{2}}$（正方形的對角線長，等於 $\sqrt{2}$ 乘上邊長）。於是，$s = \frac{\pi}{4}$ 時，可得 $x = \frac{1}{\sqrt{2}}$，$y = \frac{1}{\sqrt{2}}$。

　　我們也可以換一種推論方式：由於這個直角三角形的斜邊長為 1，所以它的兩股剛好就等於這個角（此處為八分之一圈）的正弦與餘弦值。

　　大多數情況下，這可說是最好的結果了。對於圓上的隨便一個點，要談它的直角坐標，就只能透過這個小直角三角形所成的角的正弦與餘弦值。

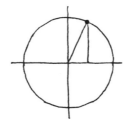

　　基本上，圓坐標對應到圓周上的弧長，這個長度與圓心角有直接的關係。直角坐標則牽涉到這個角所產生的兩段相互垂直的長度，而這恰好就是該角的正弦及餘弦值。我想，像圓、直角三角形這麼簡單的幾何形狀會有某種關連，沒什麼好奇怪的。

　　但有幾個細節要弄清楚。首先，圓心角有可能大於直角，沒辦法構成直角三角形。

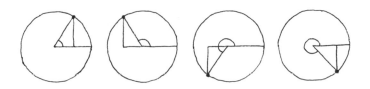

　　這個點在圓周上繞圈時，所成的角會從零變成一整圈。圓心角（稱它為 A）很小的時候，這個點的橫坐標及縱坐標分別是 $\cos A$ 和 $\sin A$。等到這個點通過圓頂端（標示為 $\frac{\pi}{2}$）的那點之後，對應的直角三角形會跑到圓的另外半邊，它的角就不再是 A，而是 A 的鄰角。這情形和我們測量三角形時遇到的完全一樣；後來我們決定，把這個範圍裡的角的餘弦值，**定義成鄰角餘弦的負值**，是最方便的做法。算我們運氣好，因為它正是這個範圍裡的點的橫坐標。要決定圓上一點的位置，居然和測量兩根夾了某個角度的木棍末端之間的距離一樣，都需要擴大正弦及餘弦的定義，這可不是巧合。我們建構出具美感的數學物件，而且就像水晶一般，美的事物會帶有驚人的一致性：這些事物會循著模式，不喜歡模式被打破。

圓坐標為 $\frac{3\pi}{4}$ 的點
的直角坐標是什麼？

同樣的，若要把正弦的定義擴充到這個範圍裡（介於四分之一圈和二分之一圈之間）的角度，最好的辦法就是把 sin A 定義成 A 的鄰角的正弦，但不是它的負值。這麼做，可以讓正弦定理在大角度的情形下仍然成立，同時也提供了這四分之一段的圓上的點的縱坐標。

現在的狀況其實就是：我們碰到了兩個問題，一是三角形的測量，一是圓坐標系與直角坐標系的對照。搞了半天，原來它們是同一個問題。說得更確切些，角度的正弦及餘弦問題，是圓問題的特例——是小角度的情形。我們原先是用直角三角形的各邊之比，來定義正弦及餘弦，現在創了新的定義方式，而且很幸運，新定義和舊定義不衝突。像這樣，把一個樸拙的概念延伸到更廣泛的脈絡中，正是數學上會一再出現的事情。

所以概念就是，讓隨便哪種大小的角度的正弦及餘弦，都具有意義。如果夾角很小（介於零到四分之一圈的銳角），我們已經知道正弦及餘弦的意義是什麼：即斜邊長為 1 的相應直角三角形的兩股長度。若夾角介於四分之一圈到二分之一圈之間，我們則看它的鄰角，以及鄰角的正弦與餘弦；結果就是，夾角的正弦會等於鄰角的正弦，而餘弦是鄰角餘弦的負值。在這兩個情況下，夾角的正弦及餘弦正是圓上相應點的直角坐標。當然，我們的計畫是想按照這種方法，去定義任意角度的

正弦及餘弦。答案揭曉：一個角的餘弦，是該角描述的圓上那個點的橫坐標，而正弦則是縱坐標。

請替十二分之一圈（30 度）的所有倍角，
做一張正弦函數及餘弦函數表。

如果兩個角相加等於一整圈（360 度），
兩角的正弦餘弦之間有何關係？
兩角之和若是半圈，又是什麼情形？

8

現在狀況變成：對於圓上的一點，如果已知圓坐標為 s，而直角坐標為 x 和 y，我們可以知道

$$x = \cos A$$
$$y = \sin A$$

式子裡的 A，是這個點從橫軸逆時針運動所成的圓心角。（就某種意義上，這完全算不上什麼新內容，純粹只是再說了一次這件事：我們沒辦法以代數的方法丈量三角形。）無論如何，現在一切都歸結到下面這個問題：這個角 A 會如何隨 s 變化。

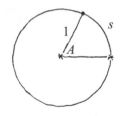

s 這個數，代表一個長度——從圓上的原點到我們這個點的弧長；而 A 是對應的圓心角。傳統上，長度與角度之間，關係有點緊繃，雙方互不信任、彼此懷恨，加上正弦餘弦從中作梗。不過，這其實是在說角度和直線長度之間。角度和圓弧長度的關係，可就完全不是這麼回事了。事實上，它們的關係再簡單不過了：兩者是等比例的。一整圈是對應到整個圓周長，半圈對應到半個圓周長，以此類推。所以說，根據你所選擇的長度單位與角度單位，角度與弧長之間只差了某個倍數。尤其是，如果我們用半徑來量長度，以整圈為單位來量角度（我們從一開始就是如此），那麼角度與弧長的關係就會是 $s = 2\pi A$。

我們馬上就能做個結論：圓坐標系與直角坐標系之間的轉換，就是

$$x = \cos (s/2\pi)$$
$$y = \sin (s/2\pi)$$

就這樣了。如果你知道了圓坐標 s，接下來要做的，就是把它除以 2π，換算成（以整圈為單位的）角度，然後再把角度轉換成（以正弦和餘弦來表示的）長度 x 和 y。正負號的麻煩

事，則交由巧妙的正弦和餘弦新定義來處理。這樣我們就得到直角坐標了。

有點討厭的是，我們得先把弧長轉換成一個角度，然後再把角度轉換成一組長度。會這麼做，有兩個原因。其中一個原因，在於我們所選的單位——以整圈為角度的度量單位。當然，如果我們是以度為單位，情況會更糟；把弧長換成角度的轉換，會變成 $A = \frac{360}{2\pi}s$。問題是，哪種角度單位最好？是用一整圈？還是用 360 度或別的單位？這當然不是重點，只是方不方便的問題。不過，方便總是好事。我的看法是，在丈量多邊形（也就是我們先前在找鋪磚模式）的時候，以整圈為角度單位是較為簡單又自然的選擇。但現在，我們是在對照圓坐標系和直角坐標系，就顯得礙事了。我其實不大喜歡那個 2π 換算因子。

另一件困擾，是我們對於正弦及餘弦的功用的解釋方式。我們一直認為（也很自然這麼認為），正弦及餘弦是在把角度轉換成長度——說得更精確些，是長度之比。這勢必也意味著，只要我們想測量圓或是圓周運動，就必須動用到角度，這可不大妙。

我倒是有個提議。這個提議稍微前衛了一些，看起來可能也很怪而且專斷，不過還是請你耐心聽我說下去。首先，準備選一個量角度的新方法。一整圈不會是 360 什麼的，也不是一個單位，而將會等於 2π。意思就是，我們打算用這個圓坐標系來量角度。所以，直角的角度值會是 $\frac{\pi}{2}$。

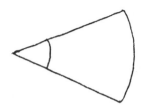

這種方法的好處是，角度與弧長之間用不著轉換。弧長即角度。說得更精確些，我們是用弧長對半徑之比，來量角度。

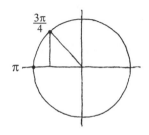

因此，角度其實是長度之間的比例。進一步說，我們別再把正弦及餘弦，想成是在做角度的運算，而是想得更抽象，是數與數之間的轉換。我們可以透過對於圓坐標系和直角坐標系的理解，來定義正弦及餘弦：一個數的正弦及餘弦，就是以圓坐標為此數的那個點的直角坐標。例如，π 的餘弦值為 -1，而 $\frac{3\pi}{4}$ 的正弦值為 $\frac{1}{\sqrt{2}}$ 。

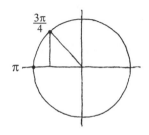

不過，並不是所有的東西都和先前不同了，只有單位與看法不一樣。好處是，我們可以把角度消掉，只說：若圓上一點的圓坐標為 s，則該點的直角坐標是

$$x = \cos s$$
$$y = \sin s$$

不管對哪個數 s，這都解釋得通。當然，這其實只是正弦及餘弦新定義的換一種說法。我認為它真正要說的，就是這與前面的各種說法並無不同。正弦及餘弦所做的事情，就是把圓的量度轉換成直角的量度——是「持圓柄入方鑿」的抽象數學版。

證明：$\cos(-x) = \cos(x)$，$\sin(-x) = -\sin(x)$。

$a + b$ 的正弦及餘弦與 a 和 b 個別的
正弦及餘弦之間，有什麼變化關係？

用一張圖，畫出一個數的正弦及餘弦
根據此數而變化的情形。你有什麼發現？

9

最簡單的非直線運動，我所能想到的就是一個點在圓形路

徑上的定速運動，通常稱為**等速圓周運動**。若想描述這種運動，就需要替時間及空間選好坐標系——也就是要設定適合的碼錶和地圖。

最簡單的選擇，自然是以圓半徑當作長度單位，而時間單位則是可讓運動點的速率等於 1 的時間量（換句話說，就是那個點走 1 單位長度的弧長所需的時間）。如此一來，運動的描述就再簡單不過了：若 s 為圓坐標，t 為時間，那麼運動模式就可寫成 $s = t$。

當然，如果考慮到這個點和某個外部物件（譬如另一個點，或平面上的某條直線）之間的關係，我們就會傾向從平面的觀點，來描述這個運動。我們可能會替平面選一個直角坐標系，坐標就用 x 和 y 好了，然後用這些坐標來描述該點的運動。最簡單的設定，會是像前面那樣，以圓心為原點，等等之類的。如果這個坐標系的賦向，是讓該點做逆時針運動，初始位置（時間 $t = 0$）是在習慣上的起點 $x = 1$，$y = 0$，那麼就能用以下這組關係式，來描述運動：$s = t$，$x = \cos s$，$y = \sin s$。也可以寫得更簡化些：

$$x = \cos t$$
$$y = \sin t$$

這就是運動模式的完整描述了。在每個時間點 t，我們都能清楚知道運動中的點的確切位置。

如果這個點是做順時針方向的運動，又是什麼情形？

以時空的觀點來看這種運動，格外有趣。由於運動發生在平面上，因此對應的時空是三維的，有三個坐標 x、y 和 t。等速圓周運動對應的時空曲線，是一條螺旋線。

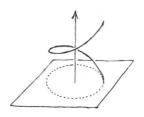

當中的概念是，這個點繞圓周跑的時候，時間的方向是往上走的。所以說，平面上的圓周運動，就等同於三維時空裡的靜態螺旋線。

很棒的是，由於螺旋線看上去像是圓周運動的時空圖示，因此我們可以利用這種運動，來描述普通三維空間（非時空）裡的螺旋線。意思就是說，如果已知空間裡的一條螺旋線，那麼就可以把它描述成點 (x, y, z) 的集合，其中的

$$x = \cos z$$
$$y = \sin z$$

關鍵就在於，z 並不在乎我們究竟把它看成空間坐標，或是時間坐標：它不過就是一個數呀！近代的思維是把一切都化成數字，包括形狀、運動、角度、速率，諸如此類的所有東西，以便擁有最大的靈活度。尤其是，我們可以隨自己高興，

把任何一個時空圖看成只含空間的圖。

沿著螺旋線的定速運動該如何描述？

所以，我們不僅能建立坐標系，並利用不同坐標之間的關係來描述運動，而且還能藉由同樣的做法，來描述靜止不動的物件。例如，我們可以把球面想成三維直角坐標系中，所有滿足 $x^2 + y^2 + z^2 = 1$ 這個關係式的點 (x, y, z) 的集合。如此一來，我們就能從這個數值描述，來進行球的量度，推導出球的性質。

為什麼 $x^2 + y^2 + z^2 = 1$ 這個關係式
描述的是球面？

你能不能寫出圓錐的坐標式？

如果能藉由坐標描述來表示幾何物件，那就會像能夠多用一種豐富而靈活的語言來描述形狀，這種觀點也讓我們看到了代數與幾何之間的種種關連，這些關連正是數學裡最迷人、最美的結果。

你能不能用半徑 r 和速率 v，
寫出等速圓周運動的方程式？

請證明：平面上每一條直線的坐標描述
都可寫成 $Ax + By = C$ 的形式。

10

現在我們要來描述擺線了。這種曲線，是滾動的圓上的一個點所構成的軌跡，所以需要先描述一下這種運動。我們想知道圓上那個點在任何一個瞬間的位置。第一項工作，當然是設立適當的坐標系。

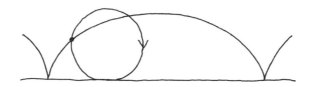

我喜歡用圓的半徑當作空間單位，圓所滾動的那條直線當作第一個方向（指向圓盤往前滾動的方向），而以圓上那點碰到直線的那一瞬間，當作（空間與時間中的）原點；「碰到直線」就是指，圓上那點滾動到圓的正下方位置。

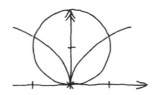

剩下時間單位還沒決定。選定時間單位，其實就等於選定滾動速率。這當然不會造成什麼差異——無論圓滾動得快還是慢，構成的軌跡都是一樣的。所以，不如就選可讓速率很好看的單位，好比說速率為 1。我這麼說的意思是，如果你單獨看圓盤，不去管它所滾動的那條直線，圓盤的滾動是會讓那個

點，以固定不變的單位速率做圓周運動。

實際上，從不同的觀點來看運動，是非常重要的概念。我們通常會用相對性來稱呼它。如果有隻蟲子停在平面上某個地方，牠會看到沿直線滾動的圓盤上一個點的運動軌跡；然而對攀在圓盤上（比方說在圓心）的另一隻蟲子來說，牠就只會看到那個點繞著自己轉，直線則是從旁呼嘯而過。

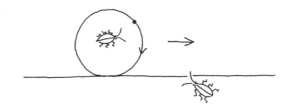

重點是，兩隻蟲子都不能說是對或錯；從各自的觀點，牠們都對。重要的是，要讓牠們能夠彼此溝通。這正是為什麼用向量來表示運動很方便：由於位置已經被描述成移位，所以很容易調整到別人的觀點——只要再加一個移位就行了！

我盡可能再說清楚一點（講得一副我故意含糊其辭的樣子）。我們來看一下圓上那點的向量表示法；也就是從原點指向那個點的移位。

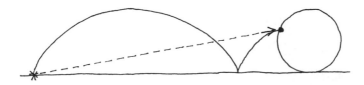

這個向量當然一直在變，而且變動情形頗複雜。這正是問題所在：擺線運動並不單純，這個向量會變長，還會上下旋

轉，我們想描述的就是這種細微的運動方式。

相對性的概念，就是要找出使運動簡化的其他視角，譬如從圓心來看。

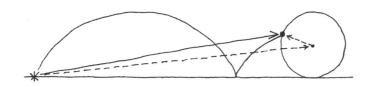

現在我們可以把這個向量（它描述的正是擺線運動），看成兩個簡單向量之和，其中一個向量是從原點指向圓心，而另一個是從圓心指向圓上那點的徑向向量。圓心的運動很簡單，因為它不會旋轉，徑向向量也很簡單，因為它是很單純的旋轉。

巧妙地改變一下視角，就能把一個複雜的運動，化成幾個簡單運動之和──這是非常有用的技巧。我們甚至還能更進一步。除了從原點看圓心，有個更棒的視角，是從原點上方一個單位長度的位置來看圓心。

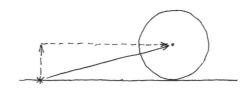

這表示我們是把這個指到圓心的向量，分解成兩部分之和：一個是朝上一單位的向量，另一個是從該位置指到圓心的水平向量。這兩個運動向量都變簡單了，因為它們的方向不會

改變。事實上,第一個向量是完全不變的。

好啦,我們已經把滾動圓盤上一點的複雜運動,分解成三個簡單得多的運動:一個是往上指到圓盤中心高度的常數向量,一個是從常數向量終點指到圓心的水平向量,第三個是從圓心指到轉動的點的向量。

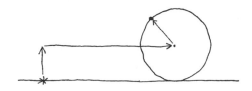

當然,我們還是得精確描述出,這三個向量如何隨著時間變化。令 t 代表碼錶顯示的時間,u_1 代表(正的)水平單位向量,u_2 代表鉛直方向上的單位向量。

我們先來看從圓心指到運動點的向量。這純粹是等速圓周運動,起點在圓的底部(也就是我們讓時間 $t = 0$ 的那個點),然後依順時針方向(也就是我們讓圓盤行進的方向)旋轉。

如果我們從圓的右手邊(與圓心同高的點)出發,朝逆時針方向跑,情況就會像我們在前面討論的圓周運動,也就是點的坐標會是 $\cos t$ 和 $\sin t$。換句話說,從圓心指到運動點的向量就是 $(\cos t)u_1 + (\sin t)u_2$。不過,因為我們的起點是在底部,

而且是順時針方向，所以必須修改成

$$(-\sin t)u_1 + (-\cos t)u_2$$

要理解為什麼會如此，最好的辦法也許是把兩個坐標分開來思考。水平位置必須從 0 開始，遞減到 −1，然後回到 0，遞增到 1，再回到 0。這正是 $\sin t$ 的變化情形——只不過差了一個負號。因此，橫坐標是以 $-\sin t$ 的模式在變動。縱坐標的情形類似，但要把正弦換成餘弦，也一樣要變號。還可以換一種方式看，如果是從紙的背面看過來，而且轉 90 度，那麼圓上的點就是做逆時針圓周運動，但是兩個坐標要對調並且變號——我想這樣更像相對性吧。無論用哪種方式，我們都能精確描述出，從圓心觀察圓上那點所做的運動。

在圓周上做等速運動的點，如果起點是
從圓的上下左右其中一個位置，運動方向
是順時針或逆時針，在這些情形下
那個點的坐標描述分別是什麼？

接下來我們必須描述圓心的運動。在鉛直方向上，很容易；就是 u_2。水平方向上，就有點麻煩了。要衡量水平方向上的運動，最簡單的方法大概是讓圓轉動一整圈。

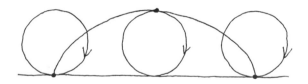

　　好啦，因為圓盤在轉動（意思就是它沒有滑動或是打滑），所以整個圓周可以水平攤開成一條直線。換句話說，圓盤所走的距離，等於一個圓周長。這表示，在圓上那個點繞一整圈（因而也走了一個圓周長的距離）所需的時間裡，圓心水平移動了同樣長的距離。

　　意思就是說，圓心的水平速率，等於圓上那點做圓周運動的速率。但因為我們決定時間單位的時候，讓這個速率為 1，因此圓心的水平速率也是 1。這樣是不是完全可以理解呢？要解釋「轉動」的確實意義，應該是這個問題目前為止最難的部分了。

　　太好了，圓心的水平行進速率，與圓上那點的轉動速率一樣快。從代數的角度來看，這表示水平向量就是 tu_1。意思是說，它指向正的水平方向，而長度永遠等於 t，因為它以原點為起點，依固定的單位速率變長。

　　把上述這些綜合起來，就可以得到圓上那點的位置向量 p：

$$p = (-\sin t)u_1 + (-\cos t)u_2 + u_2 + tu_1$$

　　這個力學相對性的例子，應該會是你看過最棒的例子了。我們把原本很複雜的運動，分解成從不同觀點來看的簡單運動之和。

　　如果你願意，我們還可以把這個描述改寫成坐標的形式。向量 p 當中的 u_1 分量，大小為 $t - \sin t$，而 u_2 分量的大小為 $1 - \cos t$，所以這個運動可以改寫成

$$x = t - \sin t$$
$$y = 1 - \cos t$$

其中的 x，仍然代表該點在時間 t 的橫坐標，而 y 為縱坐標。回想一下這個運動的複雜面貌，這種描述可說相當漂亮了。

我們來驗算一下。$t = 0$ 時，會得 $x = 0$，$y = 0$。很好，表示圓上那點是從原點出發，如我們所願。$t = 2\pi$ 時，會得到 $x = 2\pi$，$y = 0$，也和我們起初的設定一致——圓盤轉一整圈之後，走了 2π 的距離。

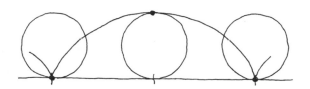

我們也可以算出，$t = \pi$ 時，會得 $x = \pi - \sin \pi = \pi$，而 $y = 1 - \cos\pi = 2$，又如我們所預期的。很好，表示我們大概沒犯什麼愚蠢的大錯。

我們終於替滾動圓盤上的點的運動軌跡，做出了一個精確的描述。

如果平面上的兩個點做定速運動，

最後發生碰撞，從其中一點的觀點來看，

另一點像是在做什麼運動？

有兩個點在一條直線上做等速度運動。

從兩者的中點（此點也在運動）

看起來，會是什麼情形？

你能不能對內擺線或外擺線的運動

做出描述？如果是花輪線呢？

11

所以，我們解決了如何描述擺線的難題，現在能夠清楚得知，運動中的點在各個時刻的位置；也就是說，我們有以下這個精確的描述：

$$x = t - \sin t$$
$$y = 1 - \cos t$$

這其實就是擺線的*編碼*，也就是關於幾何形狀的符號表示法。我們用一組靜態（而且不可否認還有點難懂）的方程式，來取代滾動圓上一點的幾何／視覺描述。為什麼要這麼做？幹嘛把簡單又漂亮的幾何圖形，換成醜模醜樣又複雜的難懂符號？我想大多數人對這種描述方式，有些興趣缺缺：「糟了，方程式。」當中的美感和浪漫到哪裡去了？

我們這麼做的理由，當然是因為到頭來是值得的。同樣的

事情也發生在文學與音樂上。書寫文字發展起來之後，口說傳統的浪漫色彩也許就消失了一部分——作者的說話聲，手勢和語調的運用方式。等變成印刷文字，這些要素當然全都犧牲了。不過，符號編碼語言的優勢是不容置疑的。此外，如果你想大聲朗讀，也沒人攔著你。書籍不會摧毀口說傳統，反而是擴大了這個傳統，讓人選擇自己想要的閱讀體驗。當然，書本也保存了資訊。

　　更相似的對照，是音樂上的記譜法。樂譜是把音樂資訊編碼成符號的形式——換言之，是一種速記。一定要有樂譜嗎？當然不一定要——作曲家可以用哼的！樂譜方便嗎？對，很方便。

　　這是一段清楚傳達的樂念，當中的訊息以簡潔的方式編碼，很容易就能傳送給其他人。無論哪位音樂家都能讀懂，馬上瞭解這段樂念。音樂的浪漫性有因此喪失嗎？沒有，不過卻築起了一道文化障礙。看不懂樂譜的人，某種程度上被擋在門外。

　　每發明了一套符號編碼系統，就會浮出一個知識技能問題。能夠用精簡的形式溝通自己的想法，非常好；問題在於，這麼一來你也必須學會怎麼讀懂。

　　我們現在就面臨幾何圖形和運動學中的這種狀況。用數值

來描述位置的笛卡兒坐標系，讓我們能夠用精確而簡明的形式（也就是一組方程式），來表述非常複雜的運動。好處是，我們可以在紙上輕易搬移這些資訊，而不必辛苦畫圖。缺點則是，我們必須小心謹慎。看看記譜法和代數記法多麼不堪一擊──符號有一點小變動，就可能毀掉一切！然而最大的麻煩在於，我們得學會這套符號語言，到能夠流利運用的程度。重點是，成為一個能夠操作符號、進行翻譯的書記，是不夠的，還得是創作者，要能運用這語言創造並審查美的事物。符號語言的發明，創造了一種文化，不管是音樂上的、文學上的或是數學上的，而這當中也是充滿浪漫的。

事實上，我們還可以把音樂的類比進一步擴大。一段音樂究竟是指什麼？不就是聲音的運動嗎？我們就用鋼琴鍵盤的音域，當作音高的空間吧；也就是，我們的點／音符所能遊走的空間。五線譜，就是這個空間的地圖；五線譜上的線與間，是可能的位置，坐標就是中央 C、高音降 B 之類的。

就像地圖一樣，五線譜也有賦向（高音往上走，低音往下走）和單位（音級）。不同的譜號和調號，定出系統的原點。於是，我們就能把一段音樂譜寫在「音高－時間」圖上。橫向是在計量時間（單位是節拍，原點是音樂的開頭），一個個小黑點代表音樂「事件」。（我想我們不妨把音的強弱變化，當成

音符空間的另一個維度，這樣的話，一份樂譜就真的是二維運動圖形了。）

所以，作曲家和數學家都建構了適合自己需求的坐標系，用一種符號語言替模式編碼。就像優秀小提琴家，一邊讀譜腦袋裡就能聽到旋律，經驗豐富的幾何學家也能夠從一組方程式的描述（如果方程式還算簡單的話），看出及感受到幾何圖形與運動。

你能不能替螺線運動做出坐標描述？

12

我們前面一直在談*表述*。每當我們用一件事表示另一件事，就會產生有趣的哲學結果。譬如說，我們會問究竟是誰代表誰。樂譜是聲音的文字記錄嗎？或者該說，演奏是樂譜的再現？還是說，樂譜和演奏都是同一個抽象樂念的表述？

我們討論的情況是幾何物件（幾何形狀或運動）和用來描述它的一組方程式。到底該說，真正重要的是幾何形狀，而方程式只是為了方便的代數編碼？還是說，我們可以直接就把方程式（數的模式）看成真正的重點，而形狀或運動只是視覺或力學上的表述？

當然我們一直很清楚，圖形並不是很有用的描述工具（它

們有的多半是心理上的價值），我們講到一個圓，所指的並不是一個圖像，而是一個語言模式：與一個固定中心點有固定距離的所有點的集合。笛卡兒了解到，可以具體指出幾何形狀或運動的口頭描述，都能夠以數值模式來取代，表示成一組方程式。例如，我們可以（用平常的坐標）把圓寫成 $x^2 + y^2 = 1$。

另一方面，我們可以把含有隨便幾個變動數量（通常稱為**變數**）的任何一個或一組方程式，看成是在描述幾何形狀或運動。意思就是，每個數值關係都帶有某種「外貌」。我們可以隨自己高興，把 $b = 2a + 1$ 這個關係式（編寫進其中的純抽象數值資訊就是，變數 b 永遠比 a 值的兩倍還要多 1），想成是二維空間裡的一條直線：

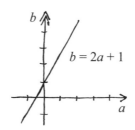

或者是看成一張時空圖，把 a 當成時間，b 當成位置，如果我們願意的話。這麼一來，$b = 2a + 1$ 這個關係式就變成是在記錄等速率運動了：起點在位置 1，以 2 的速率向前運動。

當然啦，最後真正要研究的對象既不是幾何形狀或運動，也不是方程式，而是**模式**。不管你選擇用幾何還是用代數的方式來表示模式，都沒關係。無論哪種方式，所要談論的都是抽象的模式關係。

　　我們把幾何形狀看成數值模式的視覺表述時，會發生什麼情況？首先呢，我們會有一大堆新的形狀！這種**坐標幾何學**（在笛卡兒 1637 年出版的《幾何學》中首先提出來），不僅為描述問題提供了方便的答案──可描述幾何模式的一致架構；同時也讓幾何學家有了全新的方法，去建構幾何形狀與運動。現在我們有了幾乎無可限量的描述能力。

　　接下來的問題就變成，哪種方程式對應到哪種形狀？（運動當然也包括在內，因為運動可以視為時空裡的曲線。）我們需要一本「字典」，幫忙在幾何描述和代數描述之間互相對照。我們可以先寫下：

空間的維度 ↔ 變數的個數

形狀或運動 ↔ 變數之間的關係

　　好比說，如果我們對 $x^2 + y^2 = z^2$ 這個方程式感興趣，就可以把它「看」成在三維空間裡，坐標會滿足這個關係式的那些點 (x, y, z) 的集合。然後，我們可以得知 $(3, 4, 5)$ 這個點屬於這種形狀，而 $(1, 2, 3)$ 這個點不屬於。不管它的形狀是什麼，這件事都是完全成立的。

它是哪種形狀？

　　我喜歡把一組變數想成是在造出周圍的空間，而方程式就是從中刻出形狀來。若是兩個變數的情形，周圍的空間會是二維的，變數之間的關係會刻出一條曲線，此曲線是由這個關係

式定出的。特別是,我們可以在字典裡加上:

$$平面上的直線 \leftrightarrow Ax + By = C$$
$$圓 \leftrightarrow x^2 + y^2 = 1$$

這裡有個小細節要注意。每當我們在幾何形狀與方程式之間轉換,一定會有某個東西躲在後頭——也就是坐標系。比方說,如果你打算(不管是什麼理由)拿圓心以外的點,來當作坐標系的原點,而且要用圓半徑以外的某種長度當作單位,那麼 $x^2 + y^2 = 1$ 就不再是圓的正確描述了。

半徑為 r、圓心在點 (a, b) 的圓的方程式是什麼?

這段期間(十七世紀初)最美的發現,是發現簡單的方程式會對應到簡單的幾何形狀。最簡單的數值關係是,只包含變數之間的加法和常數倍,而沒有變數之間的相乘。對於二維的情形,它的形式為 $Ax + By = C$,會對應到直線。(正因如此,這種方程式往往稱為線性方程。)如果是三維的情形,會多一個變數,變成 $Ax + By + Cz = D$,它的圖形是空間中的平面。

為什麼 $Ax + By + Cz = D$ 描述的是平面?

更複雜的方程式,就會牽涉到變數之間的乘積,最簡單的例子是只含兩兩乘積(像是 x^2 或 xy)的方程式。圓方程式 $x^2 + y^2 = 1$ 就是這樣的二次方程式。另一個例子是平方關係式 $y = x^2$,它的圖形正是一條拋物線。

為什麼 $y = x^2$ 會刻出一條拋物線？

它的焦點和焦線在哪裡？

事實上，任意二次方程式

$$Ax^2 + Bxy + Cy^2 + Dx + Ey = F$$

的圖形，永遠是圓錐曲線。也就是說，這一類曲線正是對應到帶有兩個變數的二次方程式。換言之，最簡單的非線性曲線，會對應到最簡單的非線性方程式。於是，我們的字典裡又可再新添一條：

圓錐曲線 ↔ 二次方程式

這裡也有一個小細節要留意。有一些二次方程（例如 $x^2 - 4y^2 = 0$）的圖形，並不是圓錐曲線，而是所謂的退化圓錐曲線（剛才這個方程式的圖形，是一對交叉直線）。所以，二次方程與圖形的對應關係，帶有一點微妙。

係數 $A, B, \ldots, F$ 如何決定方程式所描述的是

哪一類圓錐曲線（橢圓、拋物線或雙曲線）？

二次方程式在什麼情況下會退化？

退化的類型有幾種？

如果方程式的次數為 3，例如 $y^2 = x^3 + 1$，又是什麼情形？圖形會長成什麼模樣？

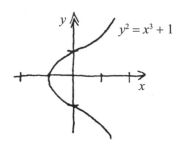

你會發現,這形狀是沒見過的。它不是圓形,不是圓錐曲線,也不是擺線或螺線,不是我們叫得出名字的東西。它是「$y^2 = x^3 + 1$ 的圖形」,而這是我們能給它的最簡單描述了。這正是我在前面所指的「一大堆新的形狀」。你想寫下來的任何一個數值關係,都會刻出某種幾何圖形,而且只有少數幾種是最簡單的曲線,其餘絕對是全新的曲線。這就是代數富有的表現力——在產生數線以便做出坐標系的那一刻,我們就獲得了多到不可思議的新形狀。

拋物線底部能夠容納得下的圓
可以到多大?

13

解決了該如何描述運動的問題（至少我們有了可用的共通語言），現在顯然可以開始測量了。

運動有什麼可以量的？我們可以從坐標描述中，得知運動物體什麼時候會在哪裡。描述運動的方程式，可以直接回答像是「某某時間它在哪裡」或「它什麼時候在這裡」這類問題。接著就是要對這些數值關係做點加密、解密處理——做一點代數運算。可想而知，實際做起來應該不怎麼好玩，但是這當中沒有什麼特別深奧的哲學問題。

以下這些問題就有趣得多了：它跑得多快？跑了多遠？兩個問題顯然是相關的，因為你跑了多遠，很大程度上取決於你跑得多快。所以，關於運動，我們感興趣的第一個問題，就是**速率**。

假設有一個運動中的點，由一組坐標方程式來描述。我們該怎麼定出它的速率？因為整個運動完全是由這些數值關係（即坐標隨時間變化的情形）定出的，方程式裡必定握有速率的相關資訊。我們要如何擷取這個資訊呢？

先來看最簡單的情況：一維的等速直線運動。（我想真正最簡單的狀況是完全不動，但這也太無趣了。）這個運動，可由像 $p = 3t + 2$ 這樣的簡單方程式來描述（其中的 p 是位置數，t 是時間坐標）。在這個例子裡，要讀出速率資訊格外容易：那個點（往前跑）的行進速率是 3（每單位時間的單位空

間數）。換句話說，速率就是時間變數的係數——與 t 相乘的因子。因此，對於任何一個等速直線運動 $p = At + B$，初始位置會在 B，而速率為 A。

如果時間的係數是負數或零，
又是什麼情形？

當然，這些都和坐標的選擇很有關係。如果我們把賦向反過來，重新標定單位，或是挪動了原點，總還可以把等速直線運動改寫成 $p = t$，讓速率為 1。（要不然，我們也可以重新校準碼錶，讓運動仍為單位速率。）這和我們在測量上碰到的問題一樣：一切都是相對的。根本沒有什麼絕對速率，只有相對於其他速率的速率。當我們說 $p = 3t + 2$ 這個運動的速率是 3 時，運動本身的描述和速率值，都要看坐標系的單位選擇。（有個更抽象、因而也更簡單的觀點是，完全不要管時間與空間，就只把 $p = 3t + 2$ 視為兩個數值變數 p 與 t 之間的關係；沒有單位，只有數。這樣我們就能說，p 運動得比 t 快了三倍。）無論你怎麼想，重點就是，等速直線運動的速率很容易從方程式看出來——就寫在方程式裡！

說到另外的觀點，這個運動的時空圖是什麼長相？

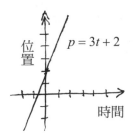

　　等速直線運動的時空觀點，是一條直線。這條直線的傾斜度代表速率。意思就是，如果速率是 3，表示直線的傾斜度是 3 比 1（假設我們的時間單位與空間單位在圖上是等長的）。因此，至少一維等速運動的情況非常簡單。速率很容易從方程式看出來，而且也有很自然的時空幾何表述（傾斜度）。那麼更一般情形的運動呢？

　　比較麻煩的是，那個點可能會在更高維的空間中四處移動。假設有個點在三維空間裡運動，一樣也是定速定向。

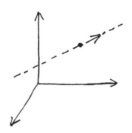

　　當然，如果這是我們感興趣的唯一事物，我們大可取這個點的路徑當作整個空間，把這個運動看成是一維的。但一般來說（這是最好的辦法），我們可能會需要一個三維的環繞空間。譬如說，圖上可能有其他也在運動的點。

　　這種運動的方程式是什麼？最簡單的思考方法，就是運用向量來描述。

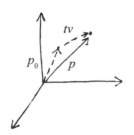

　　跟往常一樣，我們用 p 來代表運動點的位置向量。所以 p 會隨時間 t 變化。同樣的，我們也能把這個向量（會隨著時間流逝變長、變短和轉向），分解成更簡單的向量之和。第一個組成向量，是初始位置向量，也就是指向時間 $t = 0$ 時這個點所在位置的向量。我們通常把這個向量寫成 p_0，表示它是 p 在時間 0 的值。另一個組成向量，是從初始位置指到目前位置的向量。要注意，這個向量所指的方向，是這個點的運動方向，而因為是定速運動，這個向量的長度會等速增加。這也意味，它的形式一定是 tv，v 是某個固定向量。把這些加起來，就得到了空間中任意等速直線運動具有的形式

$$p = p_0 + tv$$

　　在時間 $t = 0$，可知 $p = p_0$，即初始位置。隨著時間流逝，位置也不斷改變，每秒鐘（或隨便你想怎麼稱呼你的時間單位）位置的移動量就是向量 v。這表示，向量 v 不僅指出了運動方向，還帶有速率資訊。事實上，v 的長度正是速率，因為這個長度代表每秒行進了多少距離。所以我們會發現，在更高維的空間中，把速率及方向合起來看成一個向量，是最好不過了。這個向量，叫做運動的**速度**（velocity）。（在一維的情形中，速度只是一個數；它的正負號就帶有運動方向的資訊。）要注意，就像一維的情形，速度也很容易從方程式判斷出來——它就是時間的（向量）係數。

　　如果願意，我們總有辦法把向量描述改寫成一組坐標方程

式，例如：

$$x = 3t + 2$$
$$y = 2t - 1$$
$$z = -t$$

這可以對應到 $p = p_0 + tv$ 這個向量描述，當中的 $p_0 = 2u_1 - u_2$，即 $(2, -1, 0)$，而 $v = 3u_1 + 2u_2 - u_3$，即 $(3, 2, -1)$。我們也能寫得更簡單扼要些：

$$p = (2, -1, 0) + t(3, 2, -1)$$

無論哪種寫法，都是在描述三維空間中，速度向量為 $(3, 2, -1)$ 的直線運動。這個運動的速率，就是這個向量的長度，（由畢氏定理）我們可以算出是 $\sqrt{14}$。

這麼說來，維度確實不是問題；我們只是從一個方程式改變成多個方程式（或者說，從數改變成向量），然後把速率及運動方向同時看成一個速度向量。當然，三維並不是什麼特例，對於任何一種維度下的運動，這個概念一樣適用。

假定空間中有兩個運動，分別由 $p = p_0 + tv$
及 $q = q_0 + tw$ 這兩個方程式來描述。
如果會發生碰撞，p_0、q_0、v 和 w 這些向量要具備什麼條件？

真正的麻煩是，大多數的運動不是等速運動。運動中的點通常不會保持穩定的速度；它會加速、減速，不斷改變方向。

換句話說，速度向量會隨時間而變化。

描繪運動的時候，通常會把速度向量想像成一個箭頭，從路徑上的各點往外畫：

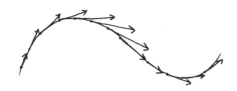

上圖是一個平面運動，速度箭頭顯示這個點先加速，然後又減速。要注意的是，因為速度向量永遠指向運動方向，所以這些箭頭也永遠與路徑相切。我喜歡把這個運動的點想成一部迷你小車，配備了車速表和羅盤，共同顯示每一瞬間的速度（例如，時速 65 公里朝西北方前進）。

因此，我們的基本問題就是：已知一個運動（也就是針對位置向量隨時間變化的一個描述），要定出運動的速度（這也是一個隨時間變化的向量）。歸根結柢，運動的測量可說就是把一個向量方程式（位置），變換成另一個向量方程式（速度）。

等速圓周運動的速度向量是什麼？

14

現在我們知道自己想測量什麼了，但要怎麼測量呢？我們

已知一個移動中的位置向量 p，想要定出對應的速度向量（通常記為 $\dot{p}$）。譬如說，如果 $p = 2t - 1$ 是個一維的運動，則 $\dot{p} = 2$ 是這個運動的（固定）速度。當然，事情通常沒那麼容易。位置向量會到處移動，究竟要如何從它的描述擷取速度資訊，我們完全沒有頭緒。

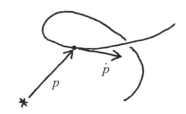

我們先來看一維的情形，想像有個點以某種複雜的方式，沿著直線運動。它的時空圖看起來可能像這樣：

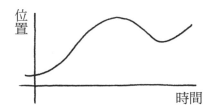

我們在前面已經看到，可以把速度看成是時空曲線（當然是一條直線）的傾斜度。牛頓觀察到，這對任何一種運動都是成立的。說得更確切些，牛頓是把時空曲線上某一點的切線的斜度，視為當下那一刻的速度的幾何表述。幾何形狀與運動之間竟有這麼美的連結！十七世紀的求速度問題，就相當於古希臘時期的找切線問題。

如果願意，你也可以想像，時空曲線上的每一點都有自己

的切線。運動中的點加速時，切線會變得更陡，減速時切線就會變平緩。如果這個點開始倒退，切線又會變斜。要注意，在這個點變換方向的那一瞬間，速度恰好為零，此時切線是水平的！

這就表示，就在那一刻，這個點既沒往前走，也沒往後退。我們朝空中丟球的時候，球先往上飛，然後往下掉（大家都這麼說），但有那麼一瞬間，球會「懸」在那兒不動。（我們關注的當然是假想的理想化運動。一顆球到底遭遇了什麼事，誰也說不準！）

如果這個點沒有停下來或改變方向，它的速度可能為零嗎？

當時的人對於牛頓提出的想法，反應不一。有些人覺得，很顯然切線的傾斜度就等於速度，但其他人認為這完全沒道理。實際上，有些人一開始就質疑瞬時速度的想法。一個運動中的物體在某個瞬間會有速率這回事嗎？如果讓時間停住，速率不就沒有意義了嗎？我們當然不是真的讓時間停住，而是選取一個時刻。（我相信你能夠想像那些隨之而來的哲學與宗教

論戰，當中最有名的要算柏克萊主教了，他在《分析學人》一書中，向「一位不信神的數學家」牛頓喊話。）

最簡單的方法，可能就是把瞬時速度（某一瞬間的速率和運動方向），當成一種出於直覺的清晰概念（就像曲線的長度那麼清晰），然後藉由解釋為切線，來測量這個瞬時速度。我們甚至還能直接把瞬時速度定義為切線的傾斜度，來解答任何的哲學疑慮。

我們可以運用牛頓的構想，將我們的問題以幾何的角度重述一遍：我們該如何丈量已知曲線上特定一點的傾斜度？

說得更精確些，假定我們已知一個方程式，它的形式是 p－某個與 t 有關的東西。這個方程式決定了一條時空曲線，如果我們選取某個時刻 t，就可以問切線在那個點的斜度有多斜。那要如何從方程式擷取這個資訊呢？「一條曲線的切線」這個幾何概念，會以什麼方式轉化成變數與方程式的語言？牛頓解決了這個難題。

這要用到窮盡法。我們將利用無窮多個逼近，來得到真正的切線。具體來說，我們可以在曲線上一點的附近再選一個點，然後用這兩個點的連線，來逼近曲線在該點的切線。

當然啦，這條連線的傾斜度不對（逼近的意思即在於此），但當我們讓鄰近那點越來越靠近所求的點，結果就會越來越接近。

因此，我們可以從這些逼近直線，得到切線的真正傾斜度——只要這些直線的傾斜度具有某種模式。傾斜度的模式當然必須來自曲線本身，也就是，來自曲線的方程式。

希臘幾何學家當然知道，切線問題可以用這種方式來處理；牛頓提出的新構想，是要再結合笛卡兒的坐標方法。對於一維的情形，我們是要針對時間做窮盡法。

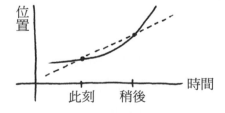

如果我們選定某個瞬間，不如就稱為「此刻」，然後選取稍微不同的瞬間，比方說稍晚一點的瞬間，找出兩時刻連線的

斜度（近似速度），這樣我們就能逼近那一點的傾斜度（也就是速度）。如果我們運氣好（通常如此），當「稍後」的點越來越靠近「此刻」，也就是時間間隔縮短到零的時候，這個傾斜度會出現某個模式。如果我們夠聰明（通常如此），就能判讀這個模式，看出名堂。這正是我們求出速度的方式。

這聽起來是不是有些牽強？這個計畫確實有不少可能會出錯的環節。要是我們算不出近似速度怎麼辦？要是近似速度沒有模式怎麼辦？要是它們有模式，但太難判讀出來呢？

後來發現，上面的第一個問題根本不成問題。近似速度（或傾斜度，如果你喜歡這麼稱呼的話）就只是位置變化對時間變化之比：

$$近似速度 = \frac{p(稍後) - p(此刻)}{t(稍後) - t(此刻)}$$

所以，給定了時間坐標及位置坐標已知的兩個點，要算出兩點連線的傾斜度，不是什麼困難的事。比較麻煩的地方是，要看出這些近似值的走向。

舉個例子，假定我們碰到 $p = t^2$ 這個運動（這是最簡單的非等速運動）。我們來算算看 $t = 1$，$p = 1$ 這一瞬間的速度。

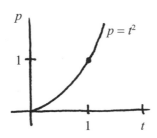

換句話說，我們是想找出上面這條時空曲線（剛好是一條拋物線）在點 (1, 1) 的傾斜度。在這裡，我們的「此刻」就是 $t = 1$ 的那一瞬間。稍晚些的瞬間會是 $t = 1 + o$，這個 o 是很小的正數。（會選用這個記法，是牛頓開的小玩笑——他選用字母 o 來代表往零趨近的變數。抨擊他的人顯然不覺得好笑；柏克萊主教嘲笑 o 是「消失量的陰魂」。）

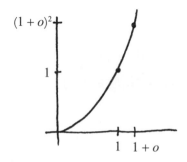

如果我們把位置 p 在時間 t 的值寫成 $p(t)$（這已經成為習慣寫法），位置的變化量就是

$$p(1 + o) - p(1) = (1 + o)^2 - 1$$

而經過的時間就是 o，因此近似速度會等於

$$\frac{(1+o)^2 - 1}{o}$$

現在的問題是，o 趨近零的時候，這個數會走向哪個值？要注意，o 越變越小時，分子和分母都會趨近零。基本上，我們是想用一連串越縮越小的小三角形，來算出某個傾斜度：

即使這些三角形本身最後會縮小到消失不見，傾斜度卻不會：它會趨向實際值，也就是我們所求的速度。麻煩在於，要如何從這些近似值的模式裡取出這個資訊。我們不能只是袖手旁觀，看著一個分式變成 0/0；我們必須弄清楚它是怎麼變化的。分子趨近零的速度是分母的兩倍快？還是一半的速度？這個比值會趨向哪個值？套用牛頓的話來說，我們就是要找這兩個量消失時，而不是消失前或消失後的兩量之比。

這是我們可能遇上的第一個慘劇。下面這個分式

$$\frac{(1+o)^2-1}{o}$$

會趨向實際速度（傾斜度），而且肯定遵循某個模式。（我不是才剛說過嗎？）問題在於，我們有沒有足夠的聰明才智，認出這個模式。我們面臨了一個心理上的問題——這個模式的表達形式，我們不容易看出來。解決的辦法，就是用代數方法把它重組；並不是整個改掉，而是改變形式，好讓我們更容易看懂。對於這個分式，不需要什麼困難的技巧就能把它改成：

$$\frac{(1+o)^2-1}{o} = \frac{2o+o^2}{o}$$
$$= 2+o$$

好啦，這像樣多了！不但 $2 + o$ 看起來簡單得多，而且也非常容易看出它的趨向，即 2。換句話說，在時間 $t = 1$ 那個瞬間的瞬時速度，恰好為 2。如果要更簡潔些，可以寫成 $\dot{p}(1) = 2$。所以，如果一個點的運動模式為 $p = t^2$（就某個地圖和碼錶而言），那麼在時間 $t = 1$，這個點是以每單位時間走兩個單位空間的速率，在往前運動。如果你願意，我們也可以說：拋物線 $p = t^2$ 在點 $(1, 1)$ 的切線斜度為 2。至少在這個很簡單的例子裡，我們的計畫成功了。

事實上，我們可以照同樣的方法，算出 $p = t^2$ 這個運動在任何一個瞬間的速度。在時間 t，近似速度為

$$\frac{(t+o)^2 - t^2}{o} = \frac{2to + o^2}{o}$$
$$= 2t + o$$

而且 o 趨近零時，它顯然會趨近於 $2t$。因此，可得 $\dot{p}(t) = 2t$。任何一個瞬間的速度，正是時間的兩倍（與我們認為這個點會加速的直覺一致）。所以，關於速度的第一件事就是：

$$p = t^2 \quad \Rightarrow \quad \dot{p} = 2t$$

表面上看，似乎是我們運氣好：我們有辦法把近似值重組，讓我們能看出當中在幹什麼好事。但是，能不能算出速度，歸根結柢就是代數技巧的問題嗎？

一般而言，無論哪種一維運動 $p(t)$（不管它會隨著時間做多複雜的變化），我們都可以說，o 趨近零時，

$$\frac{p(t+o) - p(t)}{o} \text{ 會趨近於 } \dot{p}(t) \text{ 。}$$

這給了我們一個有系統的方法，讓我們直接從運動模式 $p(t)$，去算出速度模式 $\dot{p}(t)$。唯一的問題就是，我們是不是夠聰明，看得出這些近似值趨向何方。

驗算一下：對 $p(t) = At + B$，速度會
如我們所預期的是 $\dot{p}(t) = A$。

若 $p(t) = At^2 + Bt + C$，那麼
$\dot{p}(t)$ 是什麼？如果 $p(t) = t^3$ 呢？

15

現在先休息一下，想一想我們在做什麼。跟前面一樣，我們可從三種等價的觀點來看這個情況。從幾何的觀點，我們感興趣的是曲線，想量出傾斜度，想得知它的變化情形。從動力學的觀點來看，它是個運動，我們想計算出它各個時刻的速度。更抽象的觀點是，可以把問題看成數的模式（這個模式描述了在某個坐標系中的曲線或運動），再從這個模式導出另一個模式（傾斜度或速率的模式）；因此，第二個模式通常稱為第一個模式的**導數**（derivative）。

假設我們把這個運動模式畫在時空圖上：

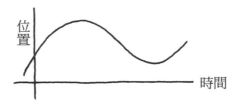

如果標出各時刻的速度，就可以畫出新的圖形：

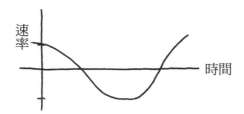

　　要注意的是，這兩個圖的縱坐標尺是完全不一樣的。第一個圖是點在一維空間裡運動的坐標圖，而第二個圖標出了可能的**速率**，是全然不同的東西。我們可以說，第一個圖是時空裡的曲線，而第二個圖是速率－時間的曲線（所以光是單位就很不一樣）。

　　接下來，速度的觀點就要帶我們把第一個圖變換成第二個。我們會發現，由於導數圖形記錄了傾斜度，所以原始曲線比較陡的地方，對應的值比較大，比較平緩的曲線對應到較小的值，而往下傾斜的曲線段會對應到負值。若要說得更精確些，我們就得想辦法取得數的模式 p，然後做出它的導數模式 $\dot{p}$。籠統來說，這個問題剛才已經解決了，我們得知，$\dot{p}(t)$ 正是下面這個分式在 o 靠近零時的趨近值：

$$\frac{p(t+o) - p(t)}{o}$$

剩下的問題就是，我們是不是一定能得到 $\dot{p}$ 隨著時間變化的明確描述。譬如我們知道，$p = t^2$ 時，的確可以算出 $\dot{p} = 2t$。

　　抽象的觀點可幫助我們拋掉幾何或力學上的成見，純粹把問題視為是在研究 $p \to \dot{p}$ 這個變換。這個變換從代數的角度看，會是什麼樣子？會有什麼表現？p 變得更複雜時（也就是，它隨 t 變化的情形牽涉到的代數運算更多時），想必 $\dot{p}$ 也更為複雜。但情形究竟如何？

　　以下是我們確定知道的幾件事：

若 p 為常數，則 $\dot{p} = 0$。

若 $p = ct$，c 為某個常數，則 $\dot{p} = c$。

若 $p = t^2$，則 $\dot{p} = 2t$。

　　前兩件很明顯——畢竟 $\dot{p}$ 理應是速度。第三件事，是我們利用窮盡法算出來的。要是情況更複雜，像是 $p = t^2 + 3t - 4$，會發生什麼事呢？這時，近似速度為

$$\frac{(t+o)^2 + 3(t+o) - 4 - (t^2 + 3t - 4)}{o} = 2t + 3 + o$$

會趨近於實際速度 $2t + 3$。於是

$$p = t^2 + 3t - 4 \quad \Rightarrow \quad \dot{p} = 2t + 3$$

　　要注意的是，如果一開始就直接對 p 的每一項個別「取

點」，也就是把 p 想成三件東西（t^2、$3t$、-4）之和，我們還是會得到同樣的結果；把每一項取點再加總，仍是正確的。這表示，「取點」是個行為乖順的運算。代數學家會說，這個運算「維持了加法」，意思是，如果有個運動，具有 $p = a + b$ 的形式，且 a 和 b 本身也是運動模式（也就是會隨 t 做某種變化的變數），那麼就有以下這個簡單又漂亮的結果：

$$p = a + b \quad \Rightarrow \quad \dot{p} = \dot{a} + \dot{b}$$

換言之，一個和的速度，等於各速度之和。當然我們不能因為看到一個特例，就假設這一定都是對的。不過，它確實是普遍成立的，而且原因不難理解。理由在於，若 $p = a + b$，則對於任何一個時間 t，

$$p(t) = a(t) + b(t)$$

尤其是，

$$p(t + o) - p(t) = (a(t + o) + b(t + o)) - (a(t) + b(t))$$
$$= (a(t + o) - a(t)) + (b(t + o) - b(t))$$

換句話說，p 在很短時間內的移動量，等於 a 的移動量與 b 的移動量之和。除以經過的時間，可得以下的近似速度關係式：

$$\frac{p(t + o) - p(t)}{o} = \frac{a(t + o) - a(t)}{o} + \frac{b(t + o) - b(t)}{o}$$

令 o 趨近於零，等號的左邊會趨近於 $\dot{p}$，而右邊會趨近於 $\dot{a}+\dot{b}$，所以兩者一定相等。當然，不管它是多少項加在一起，情形都一樣，於是可知

$$p=a+b+c+\cdots \quad \Rightarrow \quad \dot{p}=\dot{a}+\dot{b}+\dot{c}+\cdots$$

假設 $p=ca$，當中的 c 為常數。證明 $\dot{p}=c\dot{a}$。
這憑直覺能夠解釋得通嗎？

到目前為止，我們只考慮了一維的運動。這些概念在高維空間裡，又會是什麼情形？假設有個點在三維空間中運動，它的運動方式以位置向量 p 來描述，而 p 會隨著時間變化。

我們就來試試看，像前面那樣讓時間增加短短一小段，增量為 o。於是，位置向量就從目前的值 $p(t)$，變成附近的向量 $p(t+o)$。

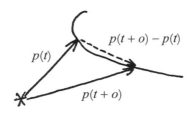

　　兩者之差 $p(t + o) - p(t)$ 也是一個向量，即從目前位置移動到稍後位置的移位。這個向量雖然很小，但它的方向很接近運動方向。換句話說，這個向量的方向很接近時間 t 時實際速度的方向。至於它的長度，當然是趨近於零，不過除以 o 之後，會得到很接近的速率近似值，因為 $p(t + o) - p(t)$ 的長度非常接近（至少對 o 值很小的情形來說）該點在這段短時間內的行進距離。（要注意，除以 o 之後並不會改變方向，只改變了長度。）

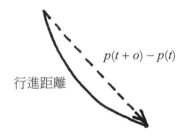

行進距離

$p(t + o) - p(t)$

因此 o 趨近於零時，近似速度向量就是

$$\frac{p(t + o) - p(t)}{o}$$

不但方向越來越接近實際速度的方向，而且長度也會越來越接近實際速率。所以這些近似值（現在是向量）確實會趨近到速度向量 $\dot{p}(t)$。

　　這就意味，我們碰到高維空間時，不必做什麼太大改變。我們仍然可以照樣運用窮盡法。當然，高維之下的運算可能會有不同（更別提概念上的差異了），但逼近的代數形式完全一

樣，而這真可說是好消息。

事實上，我們馬上就能把剛才的這些結果，推廣到速度之和：若 $p = a + b$ 是運動模式的向量之和（也就是說，a 和 b 是隨著時間變化的向量，而 p 是兩者之和），那麼我們仍然可以說 $\dot{p} = \dot{a} + \dot{b}$，而且不需多做什麼繁複的解釋；我們可以運用和前面一模一樣的論證，因為只需用到純代數的重組運算，這種運算不管對向量或是數字都適用。由於這可能是歷來關於運動的最重要發現，我要再重複一次：一個和的速度，等於各速度之和。

$p = ca \Rightarrow \dot{p} = c\dot{a}$ 在高維的情況下仍會成立嗎？

直覺上我們可以想像，向量和的每一項，都在迫使那個點以某個速率，朝某個方向前進，都在自顧自的拖拉著那個點，而最後產生的運動，就是這一個個拖拉同時作用的結果。譬如可以把螺旋運動，看成旋轉（等速圓周）運動加上直線運動之和。

直線運動是拉著點以某個速率往前跑，圓周運動則是推著點繞圓周轉圈。

　　這兩種運動的共同作用（它們的向量和），就是螺旋運動的實際速度。

　　速度的加法定律，讓力學相對性（即把複雜的運動分解成簡單運動之和）變成一個有用的概念。如果一個複合運動的速度，無法從個別運動的速度重新求出，那麼一開始做的分解就意義不大了。

　　我們在這裡用到的，就是一種化約的策略。如果想了解一個複雜的運動，可以想辦法把它分解成幾個簡單的運動，然後研究各個簡單運動。好消息是，（至少在速度的例子裡）我們很容易就能一塊一塊重新拼出資訊來。

平面上一點的速率會如何隨著水平方向
及垂直方向上的速率而變化？

16

　　現在我們要看一看，能不能運用這些概念，求出擺線運動的速度。我們已經把這個運動分解成三部分之和：一個是常數

向量，一個是等速直線運動，另一個是等速圓周運動。

　　所以我們只要算出各個速度向量，然後再相加即可。常數向量的速度為零（移動參考點的位置，並不會影響速度）。等速直線運動的速度固定不變，而基於我們所選定的坐標，這個速度就是 u_1，即第一個方向上的單位向量。等速圓周運動的速度，也不難判定。

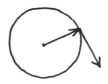

　　這個速度向量永遠沿著圓周，所以必定與徑向的位置向量垂直。由於我們所選的單位會讓半徑和速率都等於 1，因此這兩個向量都是一個單位長度。徑向向量的起點是在圓的下方（也就是在時間 $t = 0$ 時，它會等於 $-u_2$），做順時針旋轉，所以我們在前面已經知道，它的坐標描述為 $(-\sin t)u_1 + (-\cos t)u_2$，可以簡寫成 $(-\sin t, -\cos t)$。那麼速度向量的坐標呢？

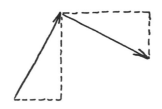

你會注意到，平面上互相垂直的兩個向量，可畫出同樣的小直角三角形——只不過，其中一個向量的垂直分量，是另一個的水平分量（方向被翻轉了）。說得更精確些，如果一個向量的坐標為 (x, y)，我們讓它順時針方向旋轉四分之一圈（也就是從第二方向朝第一方向旋轉），新的坐標會變成 $(y, -x)$。

如果是逆時針方向旋轉呢？

這表示，這個（順時針、以下方為起點的）等速圓周運動的速度向量，坐標必定是 $(-\cos t, \sin t)$。我們也可以觀察速度向量，來看出坐標：速度向量本身就在做等速圓周運動，起點為 $(-1, 0)$，順時針方向旋轉。

無論用哪種方法，我們現在都能拼組出這個結果：

$$p = 常數 + 直線 + 圓周$$
$$= u_2 + tu_1 + (-\sin t)u_1 + (-\cos t)u_2$$

於是

$$\dot{p} = 0 + u_1 + (-\cos t)u_1 + (\sin t)u_2$$

也可以把它簡寫成 $(1 - \cos t, \sin t)$。因此，我們總算知道運動中的點在各個時間的速度了。特別是，這個點在時間 t 的速率會等於

$$\sqrt{(1-\cos t)^2 + \sin^2 t} = \sqrt{2 - 2\cos t}$$

我在這裡用的是數學家慣用的縮寫 $\sin^2 t$，捨棄了累贅的寫法 $(\sin t)^2$。

我們來看一下這個運動歷程的幾個特定瞬間。

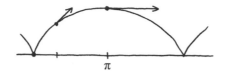

在時間 $t = \pi$，這個點跑到滾動圓盤的最上方，位置向量為 $p = (\pi, 2)$，速度向量（根據我們的公式）是 $\dot{p} = (2, 0)$，表示這個點正以 2 的速率前進，是圓心行進速率的兩倍快。另外也要注意，在時間 $t = 0$（時間 2π、4π 也一樣），速度向量為 0；在這些瞬間，這個點的運動方向正在反轉，所以「定格」了。最後來看時間 $t = \frac{\pi}{3}$（第一次旋轉進行到六分之一圈的時候），可得 $\dot{p} = (\frac{1}{2}, \frac{\sqrt{3}}{2})$，表示這個點正在前進，而且運動方向往上偏了 $\frac{\pi}{3}$ 的角度：

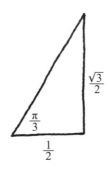

因此它在這個瞬間的速率恰好等於 1。

你也可以用另一種方法來理解這個速度向量：別管坐標了，直接把直線運動的速度與圓周運動的速度，做向量相加。

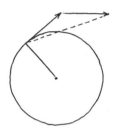

圓周運動的速度（我們已經知道）會與徑向向量垂直，加上直線運動的速度，意思就是圓周運動速度再加上水平方向的位移。根據我們所選的單位，這兩個向量的長度都等於半徑。我們要找的速度向量，就是這兩個向量之和，兩向量形成了一個小三角形。

巧妙的地方來了，請仔細看：如果把這個三角形順時針轉90度，圓周運動速度會變成半徑，而水平方向的位移會變成垂直向下的向量。

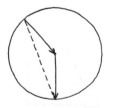

於是速度向量就變成圓上的**弦**（chord），這條弦連接了運動中的點以及圓與地面的接觸點。換句話說，我們可以把速度看成這條弦的旋轉。

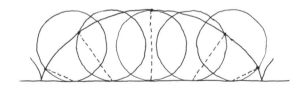

證明：運動方向的變化率是相同的。

當通過時間 $t = 2\pi$ 的時候，速率及運動方向發生了什麼變化？

附帶一提，我們剛才無意間（或者可說我很刻意地）發現了弦長的式子：如果單位圓上的兩個點相隔了弧長 t，連接這兩點的弦長會等於 $\sqrt{2 - 2\cos t}$ 。

證明：這段長度也可以寫成 $2\sin\frac{t}{2}$ 。

這個計算結果告訴我們，擺線運動的速率，就等於弦長。但這並不是說，我們無法用其他方法得到這個訊息。譬如，只要我們夠聰明，根本就不需要用到向量或是坐標描述。（事實上，比笛卡兒提出坐標系還要早幾年，就有人算出了擺線所圍成的面積。）

重點不在於我們一定非得需要向量與坐標、相對性、窮盡法這些技巧（不過通常會需要），重點是，這些技巧非常通俗，使用者不需要是什麼特殊的天才。也就是說，我們是用相同的方法來處理幾何問題和力學問題。當然，偶爾可能會出現更簡單或更具對稱性的處理方法，但它們往往很特殊，雖然可

能非常漂亮又充滿想像。

你能否在不使用坐標和對稱性
的情況下得出螺旋運動的速率？

你能不能算出花輪線運動的速度？
（我建議你用坐標和對稱性！）

速度維持向量加法的方式，所產生的強大結果，就是讓我
們得以把高維空間裡的運動，看成好幾個同時發生的一維運
動。例如，任何一種二維的運動都可以寫成

$$p = xu_1 + yu_2$$

當中的 x 與 y 分別是水平及垂直分量，會隨時間變化，所
以各自都可以視為一維的運動。於是，前面提過的加法定律告
訴我們

$$\dot{p} = \dot{x}u_1 + \dot{y}u_2$$

如果你喜歡坐標描述，就是

$$p = (x, y) \quad \Rightarrow \quad \dot{p} = (\dot{x}, \dot{y})$$

尤其是，我們可以從這兩個方向上的一維運動速率，算出
這個點的運動速率（即這個向量的長度），也就是要用到畢氏
定理：

$$\sqrt{\dot{x}^2 + \dot{y}^2}$$

有的時候，我喜歡想像是在神奇畫板上用旋鈕來控制這個點：

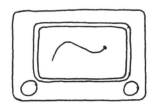

那麼我們所說的就是，不但兩旋鈕的位置會定出這個點的位置，兩旋鈕的速度也會定出點的速度。因此，如果在某一刻，控制橫軸的旋鈕以 3 的速率旋轉，縱軸鈕以 4 的速率旋轉，這個點在那個瞬間的速率就會是 5，運動方向則是「直走 3，往上 4」。當然，三維或更高維的情形也是一樣，只有視覺上的差別（以及旋鈕數目變多）。所以不管是幾維空間中的運動，情形都是

$$p = (x, y, z, \ldots) \quad \Rightarrow \quad \dot{p} = (\dot{x}, \dot{y}, \dot{z}, \ldots)$$

舉例來說（老實說這個例子有點做作），三維運動 $p = (t^2, t + 1, 3t)$ 的速度向量就是 $(2t, 1, 3)$。因此，無論是幾維的空間，速度的問題都一定能化簡成一維的情形。一個運動中的點的速度，很容易能從它在各坐標軸上的「投影」求得。

等速圓周運動是說明這種現象的有趣例子。

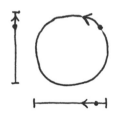

在這個例子裡（假設相關的設定不變），等速圓周運動的水平分量和垂直分量，分別為 cos t 及 sin t。意思就是，我們可以把等速圓周運動視為以下兩個一維的運動：

$$x = \cos t$$
$$y = \sin t$$

換句話說，如果你要在神奇畫板上畫一個圓，就需要按照正弦波和餘弦波的模式，來轉動旋鈕：

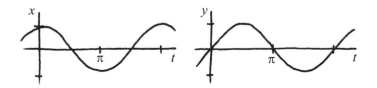

要注意，這兩種模式之間只相差了一個平移；一個數的餘弦，永遠等於比該數多 $\frac{\pi}{2}$ 的那個數的正弦。

為什麼 cos t = sin($t + \frac{\pi}{2}$)？

這兩個時空圖裡，包含了等速圓周運動的所有資訊。特別是，各自的速度一定是二維速度的分量。我們已經知道了等速

圓周運動的速度（即位置向量逆時針旋轉四分之一圈），所以也就知道

$$p = (\cos t, \sin t) \quad \Rightarrow \quad \dot{p} = (-\sin t, \cos t)$$

分量的速度必定是一致的：

$$x = \cos t \quad \Rightarrow \quad \dot{x} = -\sin t$$
$$y = \sin t \quad \Rightarrow \quad \dot{y} = \cos t$$

所以正弦波在任何時刻的傾斜度，就是餘弦波在那個瞬間的高度，反之亦然（還要加上負號來調整）。正弦與餘弦是血緣很相近的一對模式——它們（本質上）互為對方的導數。附帶一提，討厭的負號是避不掉的；即使我們把賦向的設定改了，負號仍然存在，只是出現在不同的地方罷了。

水平波動與垂直波動的頻率
如果改變了，會得到哪種曲線？好比說
$x = \cos(3t)$，$y = \sin(5t)$？

17

恕我多嘴（我挺願意承擔多嘴帶來的風險），我還想再談一談前面這些討論所採用的哲學。我們的想法，是把幾何形狀

和運動的研究，納入更大、更抽象的數值變數與關係的世界。
這種觀點不僅簡單（不必顧慮單位，也不需想辦法圖像化），
還非常靈活，具概括性。

事實上，很難找到哪位科學家、建築師或工程師，完全不
必**建構模型**——藉由一組變數及方程式，把自己要處理的問題
用抽象、簡化的方式描述出來（例如生物學家的哺乳動物領域
行為模型，心臟病專家的血管血壓模型，或是電子工程師的電
容量模型）。在這些例子裡，關注的真正主體（即大自然）和
數學模型之間，當然有相當大的差異。用來模擬真實世界的數
學模型是否恰當，幾乎是科學家不時要苦惱的問題。舉例來
說，進行了新實驗或蒐集到新數據之後，往往會推翻現有的模
型，以更好的模型來取代。

數學家面臨的情況就不同了：對我們來說，數學模型本身
就是研究的主體！沒有什麼是憑經驗得來的；我們不用等待什
麼證實或檢驗結果。數學結構就是這個樣子，我們一做出了發
現，就會是真理。尤其是，如果想用一組方程式替假想曲線或
運動建構模型，我們並不是在猜測，也不會因為過度簡化而遺
漏掉任何資訊：我們的研究主體已經夠簡單了（出於美學上的
理由）。如果一切東西從一開始就是假想的，哪還有所謂的真
實與想像混為一談？

所以從此刻開始，我們的研究主體將會是變數（牛頓把它
稱為**流**）與關係式組成的體系——也就是呈現變數之間相互關
係的方程式。

有時候我喜歡把變數想成一個假想的多聲道混音器上的滑件：

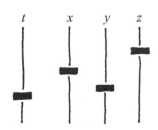

比方說，三維空間中的運動，可以由四個變數的系統來代表，附帶一組方程式，描述這三個空間坐標會如何隨時間變化。這些方程式就構成了混音器的線路或程式。當我們扳動 t 滑件，x、y、z 滑件會自動反應，根據線路模式來移動。

記住了這個圖像之後，先前我們計算速度的做法（也許可以稱為牛頓式的研究方法），就等於是在「輕推」一下滑件，看看它們會移動多遠：

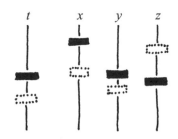

習慣上我們會用 Δx 這個縮寫來代替累贅的 $x(t + o) - x(t)$，這個 Δx 所度量的就是變數 x 的變化量。特別是，經過時間 o 也可以視為 Δt。

我們更改 t 滑件，讓它的值產生小變動 Δt 時，其他的滑件 x、y 和 z 會跟著變動，分別增加 Δx、Δy 及 Δz。（如果變數的值變小了，對應的增量就會是負值。）於是可得近似速度

$$\frac{\Delta x}{\Delta t}, \frac{\Delta y}{\Delta t}, \frac{\Delta z}{\Delta t}$$

Δt 趨近於零時，這些近似值會靠近實際的瞬時速度 $\dot{x}$、$\dot{y}$、$\dot{z}$。於是，這個三維運動的速度向量就是 $(\dot{x}, \dot{y}, \dot{z})$，而速率等於這個向量的長度，即 $\sqrt{\dot{x}^2 + \dot{y}^2 + \dot{z}^2}$。

我們用剛才的抽象觀點來舉例說明一下。假設我們有下面這樣的變數及關係式：

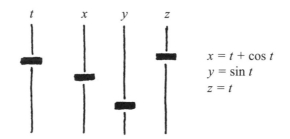

$$x = t + \cos t$$
$$y = \sin t$$
$$z = t$$

由前面推導出來的正弦餘弦導數，我們馬上可知

$$\dot{x} = 1 - \sin t$$
$$\dot{y} = \cos t$$
$$\dot{z} = 1$$

這個計算結果，並不需要幾何或運動學上的解釋。如果是為了心理因素或是出於浪漫，當然還是可以把它想成某種運動。事實上我們不難看出，這些方程式所描述的是一個斜向的

螺旋運動。但要看出這件事，最容易的方法可能就是把這個運動寫成向量：

$$p = t(1, 0, 1) + (\cos t, \sin t, 0)$$

這是等速圓周運動（所有的設定都維持不變）與等速直線運動之和，但這個直線運動的方向並不是垂直於旋轉圓盤（即普通螺旋線的情形），而是傾斜了 45 度角：

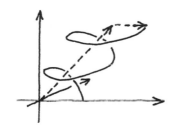

於是我們可以把導數看成下面這個速度向量的分量：

$$\dot{p} = (1 - \sin t, \cos t, 1)$$

而向量長即是這個點的運動速率：

$$\text{速率} = \sqrt{(1 - \sin t)^2 + (\cos t)^2 + 1}$$
$$= \sqrt{3 - 2\sin t}$$

這告訴我們，這個點會忽快忽慢，又因為 $\sin t$ 會在 −1 和 +1 之間變動，所以速率會落在 1 到 $\sqrt{5}$ 的範圍內。

重點在於，這些量測值直接得自抽象的數值關係，而不是

視覺或運動學上的圖像。模型不知道,或說不必知道自己是什麼東西的模型(就算有這種東西)。我們的課題,也從運動速度的研究,隱約變成在研究導數(如果我這種嘮叨方式也稱得上隱約的話)——透過導數這種抽象的變換,一個變數 p 可以產生新的變數 $\dot{p}$,按牛頓的稱法,這個新變數叫做流 p 的流數。

從這裡我們立刻會想到,有沒有可能「再加上一個點」——把 $\dot{p}$ 也視為變數,這樣就能再加上一個點,產生 $\ddot{p}$,甚至繼續變成有三個點,一直做下去。如果我們把 p 解釋成運動(也就是解釋成運動中的一點的位置),那麼 $\ddot{p}$ 所量的就是速度 $\dot{p}$ 的變化率;換言之,就是**加速度**(acceleration)。從幾何上看,$\ddot{p}$ 可以視為是在度量一條曲線傾斜度的變化率——幾何學家稱之為曲線的**曲率**(curvature)。身為數學家,我們當然可以自由選擇要做或不做哪種解釋。我們可以單純用抽象的方式談各個高階導數,然後研究高階導數的有趣性質。

拿平方函數($p = t^2$)當作例子,取一階導數之後,會變成加倍的函數($\dot{p} = 2t$),再取一次導數,會變成常數($\ddot{p} = 2$),而第三階之後的高階導數就全都是零了。

正弦及餘弦的高階導數是什麼?

18

　　在進一步拓展這些概念之前，我想再介紹一下我個人非常喜歡的研究方法，這個方法比前面所談的還要更具概括性而且抽象。用一個類比來開場，可能是最好的辦法。先前已經多次看到，量度永遠是相對的，不管是哪種跟測量有關的好問題，永遠會歸結到某種形式的比較。比方說，如果想量出一段長度或一塊面積，我們會問，一條線的長度或是一塊區域所圍出的空間，與同類型的另外某樣物件相比的大小如何。我們當然可以定出比較的標準，例如某個邊長為單位長度、面積為單位面積的正方形，然後，隨便哪個新的物件就能與這個標準做比較，進行測量。

　　這個想法令我反感，我不希望任何一個不必要的人為單位，塞滿我所想像出來的美麗宇宙。如果我想量五邊形的對角線對其邊長之比，根本不需要先量出對角線及邊長在某個既定長度標準下的長度值，再來相比；我可以直接拿對角線及邊長互比。（我知道我說過幾千幾萬遍了，請再忍耐一下吧。）

　　我喜歡的方式是，不管我們有沒有拿來與某種標準相比，直線都有自己的長度，區域都會圍出空間。所以，長度及面積不是數字，而是抽象的幾何量。只有在我們進行比較，產生比例時，才會得到數值。正方形的對角線有長度，邊長也有長度，兩者都不是數字，但其中一個恰好是另一個的 $\sqrt{2}$ 倍。

　　假如你覺得我聽起來像是在白費力氣，那麼問題在於，我

們測量速度的時候，一直不知不覺在替自己製造這種專斷且不
必要的障礙。如果你去看一隻獵豹奔馳，牠的速度與測量無
關，就像一個圓會圍出某個與測量無關的空間大小一般。這個
速度不是一個數字，也沒有單位，但如果有一匹馬跟牠一起
跑，我們就能判定獵豹的速度是兩倍快。意思就是，我們可以
守候一段時間（不必以秒或什麼單位來計時），看看馬和獵豹
跑了多遠（也不必以任何單位來計量），相互比較一下。因
此，抽象且未經測量的速率，是有意義的。我們到目前為止所
做的，就是在選定標準的速率單位——即我們的碼錶速率！也
就是說，時間本身的速率是我們（即將捨棄）的量測單位。

　　現在想像一下，我們有兩個隨時間變化的變數 a 與 b，而
且有某個方程式描述它們之間的關係。

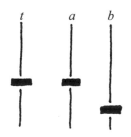

　　如果我們對 a 與 b 在某個瞬間的相對速率感興趣，我們當
然可以分別算出 $\dot a$ 和 $\dot b$，以及兩者之比 $\dot a / \dot b$。但是，這就和我
提過的那些幾何例子一樣沒有必要（而且毫無美感）。我們根
本沒必要扯到時間。

　　比方說，假設現在只有 a 和 b 這兩個滑件可用，t 滑件藏在

別的地方。我們仍然可以踢一下混音器，讓每個滑件稍有滑動。

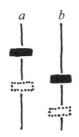

　　跟前面的情況一樣，我們會得到很小的變化量 Δa 和 Δb。只不過現在我們是直接比較 Δa 和 Δb，而不是拿它們去和 Δt 做比較。這麼一來，Δa 和 Δb 都趨近於零時，就會得到實際的瞬時速度之比。

　　這說得通嗎？為了更容易說明，我要引進某個記法──記法的用處就是要方便討論。我們就把「變數 x 的瞬時變化率」記為 dx。也就是說，dx 是抽象、非數值的速度，就像「獵豹速度」。（這個記法是萊布尼茲在 1670 年代提出的。）於是我們要說的就是，當 Δa 和 $\wedge b$ 這兩個微小增量同時消失，兩量之比 $\Delta a : \Delta b$ 會趨近於實際速度比 $da : db$。

　　套用萊布尼茲的記法，流數 $\dot{x}$ 就是 dx/dt 這個比率。這表示我們可以用這個新的抽象語言，改寫所有跟流數有關的結果。譬如下面這個計算

$$p = t^2 \quad \Rightarrow \quad \dot{p} = 2t$$

就可以改寫成

$$d(t^2) = 2t\, dt$$

這可不是什麼關於時間的特殊陳述；這對於無論哪個變數都是對的。所以（用 w 代表「無論哪個變數」）我們知道

$$d(w^2) = 2w\, dw$$

也就是，「變數 w^2 的變化率永遠是 w 值的兩倍乘上 w 本身的變化率」。注意看這個記法的簡約風格——我們不必替模式命名，然後算出流數，而是能夠直接對模式做 d 的運算。因此我們也會知道

$$d(cw) = c\, dw，c\text{ 為任意常數}$$

$$d(\sin w) = \cos w\, dw$$

$$d(\cos w) = -\sin w\, dw$$

我想把兩件事說明清楚。第一件事情是，dx（稱為 x 的**微分**）不是數字，而是抽象的比率。獵豹的速度既不是數字，也不是馬跑的速度，但我們仍然能夠說，其中一個是另一個的兩倍（就如同長度、面積及其他量度一樣）。第二件事情是，我們所用的這個 d（**萊布尼茲微分算子**）也不是數字。我們寫 dx，意思並不是讓 d 和 x 相乘，而是在把微分算子應用到變數 x 上，取得 x 的微分。記法上含糊不清是有點討厭，這我承認，但只要我們還算謹慎（像是不會選 d 當作變數！），這就不是什麼太大的問題。相反的，一旦習慣了，你會覺得萊布尼

茲的記法使用起來非常靈活又方便。

　　一般來說，大部分的量測問題最後都是在找一組變數的相對速度。需不需要納入時間這個變數，決定權在你，要看你所處理的問題而定。如果你對某個運動感興趣，那麼把時間當作其中一個變數而讓其他變數會隨時間變化，也許就是明智的。另一方面，純幾何問題就不需要滴答作響的時鐘了。

　　假設我們有一組變數 a、b、c，三個變數之間的關係由一組方程式來描述：

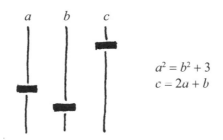

$$a^2 = b^2 + 3$$
$$c = 2a + b$$

　　要注意，在這個例子裡，沒有哪個變數是特殊的。三個變數都不代表時間——沒有哪個滑件「帶頭」，負責控制其他的滑件。三個變數之間，是彼此相依的。不管在哪個瞬間，這些變數都會有某個值以及微分（即該瞬間的瞬時變化率）。問題是，變數之間的關係，對各個微分的相對比率會產生什麼作用？我們該怎麼處理下面這樣的資訊

$$a^2 = b^2 + 3$$
$$c = 2a + b$$

然後定出 $da : db : dc$ 的比率？

直接的做法是踢混音器一腳，看看滑件有何變動，然後要弄清楚，所踢的那腳越變越小時，它們之間的比率會朝哪裡靠近。但重點來了：我們其實不用這麼費事。只要把微分算子應用到方程式的兩邊就行了：

$$d(a^2) = d(b^2 + 3)$$
$$dc = d(2a + b)$$

畢竟，如果兩個變數恆等，它們的變化率一定也會相等。把上面的方程式展開，就會得到下面的微分方程式：

$$2a\, da = 2b\, db$$
$$dc = 2da + db$$

好啦，譬如在 $a = 2$、$b = 1$、$c = 5$ 的瞬間（這確實滿足原來的方程式，所以有資格當成某個瞬間），我們可以得到

$$4\, da = 2\, db$$
$$dc = 2\, da + db$$

因此在那個瞬間，b 的運動是 a 的兩倍快，而 c 是 a 的四倍快。換句話說，$da : db : dc$ 是 $1 : 2 : 4$。現在我們有了一個簡單又直接的方法，可用來解決關於相對變化率的任何問題——只要應用微分算子！

附帶一提，萊布尼茲的原始解釋方式略有不同。他不是把

dx 視為 x 的瞬時變化率，而是 x 本身的無窮小變化量。也就是說，當 Δx 縮小到接近於零時，它有點像是在 dx 這個值「徘徊」，這個值雖然不是剛好等於零，但比任何一個正數都來得小。（你可以想像一下批評他的人會怎麼說！）實際上，這種觀點沒有什麼大問題，只要我們夠細心。說實在的，在很短的時間裡，兩個速度之比會等於行進距離之比。重點在於，近似的 $\Delta a : \Delta b$ 會趨近於實際的 $da : db$。我們想怎麼解釋，就怎麼解釋。

19

現在我們可以把速度的問題，轉化成是在研究萊布尼茲微分算子。隨便給一組描述某個運動的方程式，我們就能對這些方程式取微分，得出相對變化率。接下來要做的，就是要定出微分算子的行為模式。變數之間的相依關係，如何變換成微分之間的關係？

我們先前已經看到，如果從兩個變數 a 與 b 產生一個新變數 $c = 2a + b$，那麼 c 的變化率馬上可以從 a 與 b 的變化率定出來：

$$dc = d(2a + b)$$
$$= 2\,da + db$$

在這裡我們用到了一項事實：微分算子是線性的；也就是說，不管對哪個變數 x 與 y 以及常數 c，都會得到

$$d(x + y) = dx + dy$$

$$d(cx) = c\ dx$$

不過，要是變數之間的關係更複雜怎麼辦？好比說，假設我們想比較 x 與 y 的變化率，而 $y = x^3 \sin x$？我們確實可以說 $dy = d(x^3 \sin x)$，但為了找出它與 dx 之間的關係，我們得多了解一下微分的程序，尤其是 d 用於變數乘積之後的結果。到底 $d(ab)$ 會如何隨 da 與 db 變化？我們現在已經從針對運動的研究，變成要問這樣的問題了：微分算子有什麼抽象的表現？把 d 用於平方根會有什麼結果？用於除法呢？可用於一個數或一組數的任何一種運算，都能用來描述變數之間的相依關係，如果我們想了解變數的相對變化率，就需要知道微分算子 d 在遇上這種運算時，會有什麼表現。當然，很多運算（譬如前面的 $x^3 \sin x$）都可以看成是由更簡單的運算構成的（例如 $x^3 \sin x$ 就是 x^3 乘上 $\sin x$），所以如果可以找出 d 對於幾個簡單運算（尤其是乘法）的作用，我們就能處理較為複雜的情形。

好吧，我們就來試試怎麼把 $d(xy)$ 寫成 dx 和 dy。我們要靠「手算」的方式，腦袋裡要設想 x 和 y 會隨著 t 變化（如果你願意，也可以把 t 當成時間），然後看看在我們讓 t 改變一點點時，會發生什麼事。基本上，這等於是把 dt 當成速率單位，就像在幾何上，我們任選了一個單位來進行測量，等到找出正

確的關係之後再捨棄這個單位。（這和蓋房子時搭的鷹架沒什麼不同。它的幫助是暫時的，終究要被移除。）

好，就假想 t 改變了一點點，好比說改變了 Δt 這個量。於是 x 和 y 也跟著改變，分別變成 $x + \Delta x$ 和 $y + \Delta y$。所以 xy 的變化量就是

$$\Delta(xy) = (x + \Delta x)(y + \Delta y) - xy$$
$$= x \times \Delta y + y \times \Delta x + \Delta x \times \Delta y$$

方程式的兩邊同除以 Δt，可得

$$\frac{\Delta(xy)}{\Delta t} = x\frac{\Delta y}{\Delta t} + y\frac{\Delta x}{\Delta t} + \frac{\Delta x}{\Delta t} \cdot \frac{\Delta y}{\Delta t} \cdot \Delta t$$

為求對稱，我把最後一項改寫了一下。令 Δt 趨近於零，你會看到最後一項消失為零，所以就變成

$$\frac{d(xy)}{dt} = x\frac{dy}{dt} + y\frac{dx}{dt}$$

到這個階段，我們不再需要變數 t 的服務了，所以在等號兩邊同乘 dt 之後，就是我們夢寐以求的關係式

$$d(xy) = x\,dy + y\,dx$$

這個式子有時稱為**萊布尼茲法則**（Leibniz's rule）。繼續探討這項發現所衍生出的結果之前，我想講一下這個法則的意義，以及它為什麼很合理。首先，它告訴我們，兩變數的乘積的速率，正是每個變數的速率乘上另一個變數值之後的和。這

從幾何的角度很容易看出來。我們先來想一想加法。假設有兩根木棍,長度分別是 x 和 y(所以木棍是可以伸縮的)。如果把木棍接在一起,我們就會有一根長度為 $x + y$ 的新木棍。

如果 x 和 y 在某個瞬間各有某個速率,顯然 $x + y$ 的速率會是兩速率之和。我們甚至可以想像,經過一小段時間之後,會看到一點小變化:

所以發生於 $x + y$ 的變化,就是 $\Delta x + \Delta y$。又因為速率與長度變化是等比例的,所以可知 $d(x + y) = dx + dy$。(萊布尼茲可能會說,無窮小的變化即是 $dx + dy$。)

現在再來看乘法的情形。我們可以想像一個邊長為 x 和 y 的矩形:

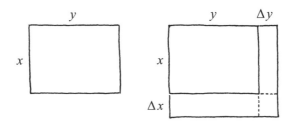

你會發現,x 和 y 變動了一點點時,矩形面積的變化量會等於 L 形這一塊的面積,所以也就得到

$$\Delta(xy) = x\Delta y + y\Delta x + \Delta x \times \Delta y$$

Δx 和 Δy 這兩個增量很小時,最後一項會比其他兩項小了很多。牛頓與萊布尼茲都認為,最後這一項對速度終究沒有貢獻,可以忽略不計。(柏克萊主教可沒那麼確信。)更近代一點的解釋(說來諷刺,阿基米德或歐多克索斯可能就會這麼解釋)則是,$\Delta x \times \Delta y$ 永遠不會等於零,但它與其他兩項的比率會趨近於零(前兩項與 Δt 大小相近,然而最後一項的數量級比較接近 $(\Delta t)^2$)。所以,只要我們忽略所有包含了 Δ 乘積的項,我們的確可以把具有 Δw 這種形式的各個項,換成對應的微分 dw。因此,我們一樣能得到萊布尼茲的漂亮公式:

$$d(xy) = x\,dy + y\,dx$$

現在我們就來繼續看看幾個結果。首先你會發現,我們前面提到的結果 $d(w^2) = 2w\,dw$,馬上就能從萊布尼茲的乘積公式算出來:

$$\begin{aligned} d(w^2) &= d(w \times w) \\ &= w\,dw + w\,dw = 2w\,dw \end{aligned}$$

我們甚至可以照著同樣的方法算出 $d(w^3)$:

$$\begin{aligned} d(w^3) &= d(w^2 \times w) \\ &= w^2\,dw + w\,d(w^2) \\ &= w^2\,dw + w \times 2w\,dw = 3w^2\,dw \end{aligned}$$

證明：一般來說，$d(w^n) = nw^{n-1}\, dw$，其中 $n = 2, 3, 4, \ldots$。

好，再來就可以計算一下 $d(x^3 \sin x)$ 了。由前面的討論，我們已經知道 $d(\sin x) = \cos x\, dx$，所以剛才的乘積公式可讓我們算出

$$d(x^3 \sin x) = x^3\, d(\sin x) + \sin x\, d(x^3)$$
$$= x^3 \cos x\, dx + \sin x \times 3x^2\, dx$$
$$= (x^3 \cos x + 3x^2 \sin x)\, dx$$

譬如 $x = \pi$ 時，變數 $x^3 \sin x$ 是 x 的 $-\pi^3$ 倍快（即反方向上的 π^3 倍快）。我們有辦法取得這樣的資訊，實在很神奇，更不用說竟能如此輕而易舉（如果你覺得運動的數學理論在兩千年間的整個發展算是很容易的話）。

從萊布尼茲法則，我們也很容易獲得另一個結果，也就是替一個變數的倒數的微分，即 $d(1/w)$，找出公式。最簡單的求法，是回到倒數的定義，也就是

$$w \cdot \frac{1}{w} = 1$$

應用 d 並且利用乘積公式，就會得到

$$w\, d(\frac{1}{w}) + \frac{1}{w}\, dw = 0$$

經過重組，最後就變成

$$d(\frac{1}{w}) = -\frac{dw}{w^2}$$

這下我們知道，$1/w$ 隨著 w 變動的變化率。

證明：對任何兩個變數 a 和 b，

$$d(\frac{a}{b}) = \frac{b\,da - a\,db}{b^2} \; 。$$

證明： $d(\sqrt{w}) = \frac{dw}{2\sqrt{w}} \; 。$

20

到這個階段，我們已經匯集了不少關於萊布尼茲微分算子的資訊。我們在這裡做個總整理：

常數：對任何一個常數 c，$dc = 0$。

和：$d(a + b) = da + db$

$d(a - b) = da - db$

（你可以從頭開始算或是利用 $(a - b) + b = a$ 這件事，得出第二個公式。當然，這個結果很明顯就是對的。）

積：$d(ab) = a\,db + b\,da$

（特別是，我們可知 $d(cw) = c\,dw$ 對任何一個常數 c 都成立。）

商：$d(\frac{a}{b}) = \frac{b\,da - a\,db}{b^2}$

正弦及餘弦：$d(\sin w) = \cos w \, dw$

$$d(\cos w) = -\sin w \, dw$$

次方：$d(w^n) = nw^{n-1} \, dw$

$$n = 2, 3, 4, \ldots$$

平方根：$d(\sqrt{w}) = \dfrac{dw}{2\sqrt{w}}$。

我們當然會繼續增加新的資訊，但不會太多；這些結果已經非常具有威力，你想得到的任何一種變數組合，都能從這些結果求得微分。我舉幾個例子來說明：

$$d(a^3 b^2) = a^3 \, d(b^2) + b^2 \, d(a^3)$$
$$= a^3 \cdot 2b \, db + b^2 \cdot 3a^2 \, da$$
$$= 3a^2 b^2 \, da + 2a^3 b \, db$$

$$d(\sqrt{u^2 + v^2}) = \frac{d(u^2 + v^2)}{2\sqrt{u^2 + v^2}}$$
$$= \frac{2u \, du + 2v \, dv}{2\sqrt{u^2 + v^2}}$$
$$= \frac{u}{\sqrt{u^2 + v^2}} \, du + \frac{v}{\sqrt{u^2 + v^2}} \, dv$$

$$d\left(\frac{\sin w}{\cos w}\right) = \frac{\cos w \, d(\sin w) - \sin w \, d(\cos w)}{\cos^2 w}$$
$$= \frac{\cos^2 w \, dw + \sin^2 w \, dw}{\cos^2 w}$$
$$= \frac{dw}{\cos^2 w}$$

有時候我喜歡把微分算子想成某種酶（俗稱酵素），它會作用在長條狀的複雜分子上（原子則是變數）。好比說我的原子是 x 和 y，構成複雜的分子 $(y \cos\sqrt{x})^3$。我們可以想像這個分子是按如下的順序組成的：先拿 x 來，取平方根，再取餘弦值，然後乘上 y，最後把整個做三次方。所以從結構來看，我可以把它想成一個立方數。意思就是，我可以讓「視線模糊」，把它看成一團東西的三次方，先不去管那團東西裡的細節。然後，我的這個 d 酵素開始發揮效用：

$$d((\mathbf{XXX})^3) = 3(\mathbf{XXX})^2\, d(\mathbf{XXX})$$

這是因為，對任何一個變數 w 來說，$d(w^3) = 3w^2\, dw$ 都成立，無論 w 長成什麼模樣。因此，d 並不在意「XXX」是什麼；它只顧著一步步分解這個分子。（這個程序通常稱為連鎖反應。）

我們的問題現在轉化成在求出 $d(\mathbf{XXX})$，這個「XXX」是一個乘積，也就是 $y \cos\sqrt{x}$。利用乘積模式，可得

$$\begin{aligned}d(\mathbf{XXX}) &= d(y \cos\sqrt{x}) \\ &= y\, d(\cos\sqrt{x}) + \cos\sqrt{x}\, dy\end{aligned}$$

這樣我們就看到了這個分子結構的第二層，所以接下來要解開 $d(\cos\sqrt{x})$：

$$d(\cos\sqrt{x}) = -\sin\sqrt{x}\, d(\sqrt{x})$$

最後，從剛才列出的表，我們得知

$$d(\sqrt{x}) = \frac{dx}{2\sqrt{x}}$$

把這些全部組合起來（並且用變數 x 和 y 來重寫），就得到

$$d((y\cos\sqrt{x})^3) = 3(y\cos\sqrt{x})^2(\cos\sqrt{x}\ dy - \frac{y\sin\sqrt{x}}{2\sqrt{x}}\ dx)$$

原則上，你還是可以直接計算那些複雜得不得了的變數組合的微分，把所有東西都解開，一直做到只剩下變數「原子」的微分為止。想想看我們省掉了多少事！可以想像一下，你要徒手算出相對速度，用到了許多很小的增量，然後想求出一大堆的消失量之比會趨近到什麼數。基本上，微分算子可說是替窮盡法處理了這些例行瑣事，為我們省去了拉拉雜雜的細節。

這很像普通算術中會遇到的情況。我們有個編碼系統，可以用阿拉伯數字序列來表示石子（或隨便什麼東西）的數目（例如，231 代表堆成一百顆石子的有兩堆，十顆的有三堆，然後剩下一顆）。於是我們就可以問，要是各堆石子湊在一起，再用各種方法重組，這些數字碼會如何改變。

譬如說，如果兩堆的數目分別是 231 和 186，兩堆之和（也就是把兩堆湊成一堆）的數字碼是什麼？我相信你很清楚，有個眾所周知的系統可以算出這種東西：6 加 1 得 7，8 加 3 得 11，把 1 進位到 2，再加 1 得 4，所以答案是 417。

重點是，我們並不需要拿真正的石子來；我們可以只靠符

號來進行運算（在這個例子裡是加法）。我們不必把成堆的石子推來推去，然後清點數目；交給系統來處理就行了。（當然也要有人先把系統發明出來！）

像這樣的符號運算系統，叫做**算法**（calculus，這個拉丁字的意思是「算石子」）。一種算法通常包含三個要件：以符號來表示相關物件的一套記法，（希望是步驟很少的）一套操作程序（例如進位），以及一組基本事實（希望只有少少幾件），例如個位數字的相加。概念是要用這套操作程序，把複雜的問題化成簡單的小問題，然後從基本事實中查找答案（如果你願意，也可以背起來）。

於是產生了基礎算術當中的乘*法*，這種算法包含幾個程序，如進位、移位，以及臭名昭著的乘法表。這個系統威力驚人，讓我們快速輕鬆進行運算，而不像其他方法那麼耗時又費力。如果我們想算出 1876 與 316 相乘的結果，只要把幾個符號上下右左搬動幾下就行了（或者更偷懶一點，讓計算機來做）。誰也不需氣喘吁吁地擺石子，316 顆擺成一排，一共擺1876 排，然後數一數總共有多少。有算法可用，是很棒的事。

而且這種事情很少見。大部分的數學問題，都沒有這麼有系統的處理方式。事實上，許多偉大的數學問題還懸而未決，而已經有所突破的那些問題，都需要頂尖的獨創力和特定的處理方式。每隔很長一段時間，會有某一類問題發展出一套算法，每次必定都是重大的成就。

所以，我們能有微分法可用，是該好好慶賀一番——這套

有系統的算法，讓我們不用「把石子堆在一起」就能算出微分；也就是說，它讓我們不必從頭開始應用窮盡法。微分法是萊布尼茲的偉大傑作，而我打算用接下來的篇幅，炫耀一下微分法的驚人威力和廣泛用途。

　　為了說明剛介紹到的這些新技巧，我們就來量測一下螺線運動的速度。

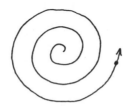

　　第一個問題是，我們所說的螺線究竟是指什麼？我喜歡把它想成是旋轉木棒末端上的一個點的軌跡，而且木棒的長度會越轉越長。為簡單起見，我們讓轉動速率與長度變化率相等。事實上，我們令它們都等於 1。如果木棒只是單純旋轉，我們可以採用等速圓周運動的標準描述：$x = \cos t$，$y = \sin t$。現在因為木棒會變長，就要改成

$$x = t \cos t$$
$$y = t \sin t$$

　　這是最困難的部分——選出模型，並設定坐標系。好啦，這個螺線運動在時間 $t = 0$ 時從 $(0, 0)$ 出發，開始逆時針旋轉。

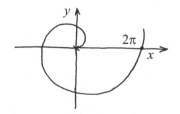

在時間 $t = 2\pi$ 時，這個點的位置在 $(2\pi, 0)$。它的速率有多快？對我們的方程式做 d 運算，可得

$$dx = (-t \sin t + \cos t)\, dt$$

$$dy = (t \cos t + \sin t)\, dt$$

所以我們得到一個速度向量 $(\dot{x}, \dot{y})$，在任何時刻都會等於 $(\cos t - t \sin t, \sin t + t \cos t)$。尤其是在轉完一圈的時候（$t = 2\pi$ 時），速度是 $(1, 2\pi)$，因而速率為 $\sqrt{1 + 4\pi^2}$。

請證明：這個螺線運動的速率在任何時刻都和拋物線運動 $x = t,\ y = \frac{1}{2}t^2$ 的速率相同。

21

現在我們有了一個簡單又可靠的量度方法，可測量一組互有關係的數值變數的相對變化率。我們還徹底解決了速度的問題。隨便給我們一個運動（也就是一組隨時間變化的變數，以

及描述出這個相依關係的方程式），我們就能把萊布尼茲微分算子應用到這些方程式上，然後運用微分法，求出 dx/dt，也就是速度分量 $\dot{x}$。

光這一點，就可做為充分的理由，說明為了發展微分法所做的一切努力（包括概念上和技術上）是值得的，但事實上，不僅速度問題，而是幾乎所有的量度問題，都能用變數與微分的語言來表達，而微分法讓我們可以毫不費力地解決很多這樣的問題。（當然在我看來，真正的理由在於微分概念本身的美和深度。）

尤其是，在微分法的發展初期，數學家就發現，這些方向甚至能應用到古典幾何問題——也就是角度、長度、面積、體積的量度問題。從許多方面來看，這實在很出乎意料，畢竟微分是可變量的瞬時變化率，幾何量卻是固定不變的。

在本書前半部，我向大家介紹過阿基米德所做的拋物線量度。他做出了一個漂亮的發現就是，拋物線弓形的面積永遠是其外切方形的三分之二。

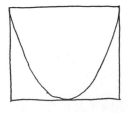

阿基米德運用了窮盡法，把拋物線弓形區域切成許多三角形來逼近，並重新排列，進而證明了這件事。這是古典技巧的

傑作，當中的細節相當錯綜複雜。現在我想換一種方式證明給你看。

我們就用普通的坐標系來描述拋物線。可以根據拋物線的對稱性，來選擇坐標軸，並選用可讓代數描述最簡單（即 $y = x^2$）的單位。

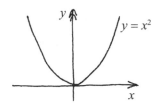

好啦，現在我們已經把幾何形狀交棒到兩個抽象的變數 x 和 y，以及它們的關係式手上。接下來是關鍵。我們並不是選出要在哪個高度截斷，產生這個拋物線弓形，而是要想像，所切位置的那個點會沿著拋物線移動，所以這個弓形是可變動的。

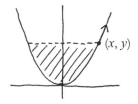

這個點沿著拋物線移動，所圍成區域的面積也跟著改變，因此我們的問題就不光是要定出特定拋物線弓形的面積，而是要度量所有這些面積。換句話說，我們想知道，在哪裡切拋物線與切出多少面積，兩者間有何關係。

如果你喜歡，也可以想像有一個碗，正慢慢裝滿液體。

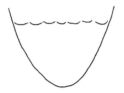

　　液體的水位越高，所成的面積就越大（這是假想的二維液體），我們的問題就變成：面積會如何隨高度變化？

　　很重要的關鍵是，既然面積是變數，就一定有變化率。我們面對的，不再是端坐著不動的面積，而是個活潑好動的面積，由於秉性善變，故有微分。我們來看看能不能逮住它。

　　回到剛才寫下的坐標描述，可看到在這個運動歷程的任何瞬間，都會有三個互有關係的變數：x、y 及面積 A。待解的問題，就是要定出這三個變數之間的關係。

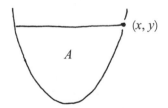

　　如果踢它一小腳，圖中的點會移動一下，x 和 y 會稍有變動，而 A 也會跟著變。

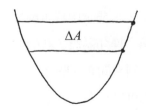

小變化量 ΔA 代表一小片面積。它有多大呢？直覺上，我們會覺得它大概和同寬同高的矩形一樣大；也就是大約為 $2x\Delta y$。

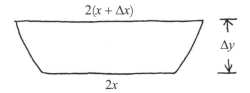

說得更確切些，這個（彎曲的）薄片一定比內矩形的面積 $2x\Delta y$ 稍大一點，而比外矩形的面積 $2(x + \Delta x)\,\Delta y$ 稍小一點。意思就是

$$2x\Delta y < \Delta A < 2(x + \Delta x)\,\Delta y$$

當然，這三個量會趨近於零，不過它們之間的相對比率不會趨近零。特別是，我們可以把 $\Delta A/\Delta y$ 夾在兩個值當中：

$$2x < \frac{\Delta A}{\Delta y} < 2x + 2\Delta x$$

由於上界與下界都趨近到同一個東西，即 $2x$，當然 $\Delta A/\Delta y$ 也一樣。意思就是，

$$\frac{\Delta A}{\Delta y} \to 2x$$

另一方面，又因為 $\Delta A/\Delta y$ 是變數 A 和 y 的小變化量之比，所以一定也會趨近於兩者的微分之比。於是，$dA/dy = 2x$。等號兩邊同乘 dy，就會得到拋物線弓形面積的微分方程式：

$$dA = 2x\,dy$$

從實質上說，在消失的那瞬間，矩形近似值 $\Delta A \approx 2x\Delta y$ 會變成真正的等式 $dA = 2x\,dy$。

這告訴我們，面積 A 會如何隨著 x 和 y 變化，但只是間接產生的變化。這個資訊必須透過變數的微分。這個問題可說和速度問題恰恰相反；並不是已知運動，去求運動的速度，而是我們已經有變化率，想回推出變數之間的關係。（十七世紀初，費馬和其他數學家就已經發現，面積與速度的關係是相反的，而速度又和傾斜度有關，但要等到微分法發展出來之後，這件事才受到重視。）

所以我們發現，要度量拋物線弓形的面積（甚至是任何一種面積），到最後會變成在解微分方程。意思就是，我們必須定出 A 與 x 和 y 之間的關係，這樣的話，我們取 d 之後，就可以得到各微分之間的關係式。

結果發現（至少在這個例子中），並不難解。從抽象的角度來想，我們有三個變數及兩個關係式：

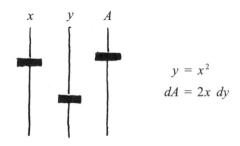

$$y = x^2$$
$$dA = 2x\,dy$$

第一個方程式代表我們所量的幾何形狀，第二個方程式來自我們所做的幾何推論。到這個階段，我們可以忘掉問題的源頭和動機，而想成是在處理與三個變數有關的純抽象問題。我們該如何把 A 寫成 x 和 y 的式子？

第一步，也許可以試試看把 y 消掉，畢竟我們已經知道 y 就是 x^2。所以，我們可以把這個微分方程改寫成

$$dA = 2x\, dy$$
$$= 2x\, d(x^2)$$
$$= 4x^2\, dx$$

這下子，我們的問題就變成純粹的求微分問題了。A 必須是什麼，才會使得 $dA = 4x^2\, dx$？我們現在不是問該如何取某個變數組合的微分，而是在問該怎麼反過來做！

這在數學上經常遇到。任何一種操作，只要夠有趣，差不多也一定能讓人想把它逆向操作。相加會挑起我們想做相減的欲望，平方會引來開平方，諸如此類。背後的原因，和語言能力有關。任何一項操作或程序如果能夠描述出來，都能讓語言進一步擴充，於是我們的問題就能用這個新語彙來表達（7 要加上多少才會得 11？），而在好奇心驅使下，我們必定會反轉這個程序。每繫上一個結，就會立刻製造出讓人想解開這個結的欲望。從這個觀點，我們可以看到（好比說）算術與代數之間實質上相反的關係。

不管怎麼說，我們現在碰到了一個有趣的實際問題，同時

也是個哲學問題：取微分的逆運算要怎麼做？結果，和取微分的情形相反，這種逆運算並沒有算法可用。意思就是，求解微分方程，並沒有（也不可能有）按部就班的步驟可依循。這並不是說，我們求得出解的情形不多（包括現在這個例子），而是說，根本就沒有一體適用的成功公式。

所以，解微分方程在某種程度上是一門藝術。想像力和直覺，幾乎與技藝嫻熟度同樣重要。這有點糟糕（因為這表示我們感興趣的問題有很多終將解不出來），但也讓人著迷。不管我們多聰明，抓得多緊，數學總有辦法從我們的指間溜走。

這很像我們在數字方面遇到的情形。隨便哪個分數，我們都能做平方，但是反過來做開平方，會冒出一種新的數，無法用分數的語言來描述。微分算子也是如此。唯有在最幸運的情況下，才有辦法找出微分方程的解，而大部分時候，我們只能退而求其次，僅做含糊的敘述（例如：「平方為 2 的那個數」）。

很幸運，拋物線的例子屬於前者。我們的確求得出 $dA = 4x^2\ dx$ 這個微分方程式的解，定出拋物線圍成的面積。（我們當然知道一定有可能求出來，因為阿基米德就辦到了！）不僅如此，我還可以提供一個解微分方程的一般方法——不可否認，這方法不一定能（甚至經常不會）成功——我說的就是這個：用猜的。可不是憑空隨便亂猜，而是根據經驗以及對模式的察覺，認真思考過後所做出的猜測。當然，越熟悉微分法，做出的猜測就越好。

譬如我知道 $d(x^3) = 3x^2\,dx$，所以經驗告訴我，$4x^2\,dx$ 的反微分可能會與 x^3 有關。事實上，這件事也告訴我該怎麼做。因為我要處理的東西（$4x^2\,dx$）剛好是已知事實（$3x^2\,dx$）的常數倍，所以只需要把我的猜測照著調整一下。也就是說，我的猜測應該修改成 $\frac{4}{3}x^3$。果然，

$$d(\tfrac{4}{3}x^3) = \tfrac{4}{3}\cdot 3x^2\,dx$$
$$= 4x^2\,dx$$

所以我們可以把這個描述拋物線所圍面積的微分方程，改寫成

$$dA = d(\tfrac{4}{3}x^3)$$

我當然很想直接下結論，說 A 一定就等於 $\frac{4}{3}x^3$，實際上也正是如此，不過我們的推論必須小心一點。不要因為兩個變數的微分相同，就認為變數本身也會相等——汽車和所附掛的拖車，車速雖然隨時隨刻都相同，但位置不同。這和平方與開平方的情形也很類似：4 和 –4 的平方相同，但兩數並不相等。重點在於，反微分就像平方運算，會讓資訊流失。所以只要一把這些程序顛倒過來，就一定會產生某種程度的曖昧不明。

尤其是，因為 $d(c) = 0$ 對任何一個常數 c 都成立，因此 $d(w)$ 和 $d(w + c)$ 無從區分開來。換句話說，兩個相差了一個常數的變數，微分永遠相同。這是不是讓兩個變數可能有相同微分的唯一情況呢？如果 $dw = 0$，是不是表示 w 必為常數？當然

是！$dw = 0$ 這個方程式的意思，就是指 w 完全沒動。所以，若兩個變數 a 和 b 的微分相同（$da = db$），則

$$d(a - b) = da - db = 0$$

這表示 $a - b$ 一定是常數。因此，反微分雖然有點曖昧不明，但程度並不嚴重。就像一個數有兩個平方根，一個微分會有無窮多個反微分，彼此間差了常數項。

所以說，我們不能從 $dA = d(\frac{4}{3}x^3)$ 這個微分方程式，直接下結論說 A 就等於 $\frac{4}{3}x^3$，但我們確實知道，最糟的情況也只是差一個常數。也就是說，

$$A = \frac{4}{3}x^3 + 常數$$

單單從這個微分方程式，我們就只能說這麼多。我們沒辦法把可能出現的常數從微分式去掉，就像我們不能只從車速表，判斷出你在車子裡還是在附掛的車廂裡。會有這種曖昧不明，是因為我們所做的幾何論證只考慮到面積的變化量，而不是考量我們從哪裡量面積。

但事實上，確實還有別的資訊可用——即初始條件。在拋物線的底部，x 和 A 都等於零。由於上面的方程式是在描述這兩個變數之間的關係，隨時隨刻都成立，所以在初始的這一瞬間也一定成立。這蘊含的意思就是，這個（假定存在的）常數實際上一定為零。因此，我們終究還是能做出 $A = \frac{4}{3}x^3$ 的結論。

大多數情況下，解微分方程的步驟分成兩部分：做出明智

的猜測再稍加修改，得出所謂的一般解，然後利用變數的幾個
特殊值，通常是初始條件，來決定出常數項。

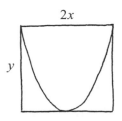

回頭看看這個坐標圖，會發現圍住拋物線區域的矩形面積
是 $2xy = 2x^3$，所以拋物線弓形對矩形之比就等於

$$\frac{\frac{4}{3}x^3}{2x^3} = \frac{2}{3}$$

這個比與單位無關，因此我們可以捨棄所有的鷹架，像是
坐標系、變數、方程式等等，只需（跟著阿基米德一起）說：
拋物線弓形永遠占其外切方形面積的三分之二。

傾斜的拋物線弓形的面積又是如何？

22

我們現在先休息片刻，想一想剛剛討論了什麼。我不希望重要的概念淹沒在運算細節裡。有個重點是，我們甚至可以把微分法應用到看似靜態的幾何量度上。關鍵就在於：**讓你的量度產生運動**。微分法的每一種應用，不管是應用到幾何、數學物理、電機工程還是其他領域，終究會歸結到這個概念。如果你想量某個東西，就讓它動一下。量度一有了運動，就會有運動速率，如果我們有那麼一點運氣（通常會有），就能得出某個描述此量度的微分方程式。

意思就是說，研究量度到頭來都會變成是在研究微分方程（五邊形的量度、即三角學，可能算是例外，有更簡單的方法可用）。關於有沒有解、是不是唯一解（以及這些解能不能明確描述出來）的種種問題，主導了十八世紀的數學發展，往後也繼續在數學研究中占一席之地。

我們在前面用了一個方法，替拋物線所圍的面積找出微分方程式，這個方法實際上是普遍適用的。首先，我們找到簡單的方法，可把所求的面積視為一個可變量；意思就是，讓它產生運動。接著，我們估計出面積的變化量，並以坐標變數的變化量寫出來。最後，令這些微小變化量趨近到零，讓近似值變成瞬時變化率的精確陳述，也就是一個微分方程式。

例如，假定我們想量度一個封閉曲線的面積。

要讓這塊面積產生運動，簡單的做法就是選個方向，然後沿此方向「掃出」這塊面積，好像把這個曲線放進掃描器一般：

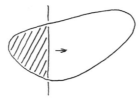

這麼一來，可變面積就會隨掃描線的位置而變化。我們用 w 來表示截線的位置（即目前掃出區塊的寬度），而以 A 來表示掃出的面積。不管在哪個瞬間，都會有某個截線段長，比方說 l，而在掃描器掃過時，w、l 及 A 都會產生變化。

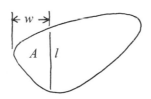

當然，w 與 l 之間的關係，取決於曲線的形狀（實際上就是這個關係定義出曲線的形狀）。如果我們稍微改變一下掃描的位置，好比從 w 變成 $w + \Delta w$，長度 l 和面積 A 也會跟著變動。

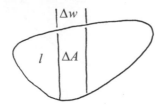

這些變化量非常小的時候，面積為 ΔA 的區域基本上是個寬為 Δw、高為 l 的長條，於是我們得到了一個近似值：

$$\Delta A \approx l\, \Delta w$$

另一種講法是，$\Delta A/\Delta w$ 必會大約等於 l，因為就某種意義上，$\Delta A/\Delta w$ 是這段小區間的「平均」截線段長。當然，小變化量趨近零時，面積為 ΔA 的長條會變細，平均長度就會趨近 l。所以我們得到了形式如下的微分方程：

$$dA = l\, dw$$

這個方程式在說，掃過面積的變化率，就等於截線段長與掃描速率的乘積。這有沒有讓你回想起帕普斯採用的哲學？萊布尼茲本人的觀點是，面積是由無數個無窮細小的矩形組成的，因而上面這個微分方程式，基本上就是矩形面積公式「長乘寬」的無窮小版本。

上面的方程式是廣泛適用的，不管你希望作何解釋；它可以用於任何一種曲線、任何一個掃描方向。正因如此，這要由我們自己來選出適當的賦向，好讓所產生的微分方程式盡可能

簡單。（尤其是，我們所做的選擇，會決定 w 和 l 之間有怎樣的關係式，這將大大影響到能不能求得出這種方程式的解。）

　　這個方法有個很好的例子，是求**正弦拱形**所圍的面積；也就是關係式 $y = \sin x$ 圖形其中一段隆起曲線下的面積。

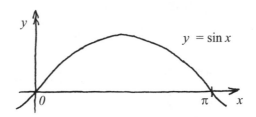

　　在這個例子裡，選擇水平掃過是明智的，如此一來掃描線的位置就是 x 坐標（從 0 掃到 π），而截線段長剛好是 $\sin x$。這樣的話，描述面積的微分方程式就可寫成

$$dA = \sin x \, dx$$

　　關於它的解，合理的猜測是 $A = \cos x$，但實際上（根據我們的微分法），我們知道 $d(\cos x) = -\sin x \, dx$，所以差了一個負號。因此 $A = -\cos x$ 符合要求。當然可能還差一個常數項，而初始條件 $x = A = 0$ 告訴我們，常數必為 1。意思就是，我們所求的面積是

$$A = 1 - \cos x$$

　　這告訴我們，掃描線掃過所有可能的位置之後，掃出了多大的面積。尤其是，$x = \pi$ 時，我們可以清楚得知，完整拱形下

方所圍的面積會是

$$1 - \cos \pi = 1 - (-1) = 2$$

多漂亮呀！我始終覺得這個結果很令人訝異（想到正弦函數的超越數性質，就會覺得這結果有點嘲諷）。

我認為應該要了解一下這些技巧和窮盡法之間的關連。

古典時期的想法，是選定一個方向，把所求的區域分割成很多小矩形來做逼近。如果運氣好極了，說不定就能看出逼近的模式，也就找得到結果。如果用微分法，我們不需要很聰明；只要寫下方程式，把尋找模式的例行瑣事交給微分算子去做。至於困難點，則是從多邊形和逼近模式的細節，轉移到求解微分方程。這種交易絕大多數時候是值得的。即使忘了技術細節，微分法至少還是一以貫之的，但在古典的方法下，每個新的形狀都有一套專屬的處理方式。

所以，「石子與符號」的類比十分貼切。古典的窮盡法就像在處理一大堆石子，而微分法卻像是在做每個位數的相加──相似到我們甚至可以造出機器幫忙做這些運算。這也和幾何算術化這個數學史上的大趨勢不謀而合。形狀變成了數的模式，形狀的量度由微分方程來掌控。

你能不能替掃出的體積找出
微分方程式？拿它和卡瓦列里原理
做比較，會是什麼情形？

證明：拋物面（旋轉一周的拋物線）
恰好占了外切圓柱的一半體積。

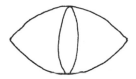

你能不能量出旋轉正弦拱形的體積？

　　我要帶各位看最後一個例子，這是定出圓面積的有趣方法
（求圓面積畢竟是古典窮盡法的範例原型）。我知道大家已經很
了解圓形了（該知道的差不多都知道了），但我主要是想說
明，新方法能讓我們用新的角度看老問題。在這個例子中，我
不準備掃出面積，而是打算讓面積從圓心往外擴展。

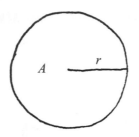

所以，半徑 r 與面積 A 都是變數。在此情況下，兩個變數的小變化量會構成一個圓環區域。

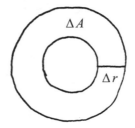

Δr 非常小時，我們可以把這個環（大致）展開，變成一個寬為 Δr、長為圓周長 $2\pi r$ 的矩形。因此 $\Delta A \approx 2\pi r \Delta r$，所以我們就得到下面的微分方程式：

$$dA = 2\pi r \, dr$$

由這個方程式，再加上初始條件 $r = A = 0$，可知 A 必為 πr^2，果不出所料。

我們能不能照同樣的講法
來解釋球的體積？

23

如此說來，各種美麗、奧妙的幾何形狀與運動，以及與此相關的所有量度問題，都可以化成應用萊布尼茲微分算子與逆向運算的問題。微分運算是把變數變換成微分，但許多有趣的量度（例如面積、體積）卻牽涉到相反的運算。因此，從很多方面來說，反微分是最有趣的程序，尤其我們還有個微分法可用。

當然，萊布尼茲做了稍微不同的解釋。他並不是把 dx 想成 x 的瞬時變化率（不過他肯定熟知牛頓的流數理論），反而是（有點神祕兮兮地）把 dx 當成 x 的**無窮小變化量**。有個類比也許可以幫助你理解，就是把 x 想成一列數字——所謂的**離散變數**：

$$x: 0, 1, 3, 2, 5, 6, 4, \ldots$$

然後 dx 就可類推到相鄰兩數的差或間隔：

$$dx: 1, 2, -1, 3, 1, -2, \ldots$$

這樣的話，反微分的過程就可以想成是從這些差，回推到原數列的方法。很明顯，要做到這件事，需要用到累計加總。也就是說，如果我們把前面不管多少個差相加起來，就會找回原先的那些數。要注意，仍然會有曖昧不明的情形：如果所有的 x 數都移了某個量（比方說把每個數都加 3），兩數的差並

不受影響，所以做了累計加總之後，未必能回推到原來的數
列，但最糟的情況就只是相差了一個常數。

　　所以，萊布尼茲把反微分想成某種加總的運算，儘管很奇
怪──它的概念是，我們「很平滑地」把無窮多個無窮小的差
dx 相加起來，以便回復到原來的可變動量 x。基於這個理由，
他引進 $\int$ 這個符號（這其實是大寫字母 S 的花俏寫法，取自
「總和」的拉丁文 summa），來代表反微分算子。不管怎樣，這
個記法相當方便而且無傷大雅──就像平方根的記法一般。

　　事實上，把它和平方根做個類比，是很不錯的──這也正
是我一直這麼做的原因！假設我們有個數 x，而且已知 $x^2 =$
16。把這個等式重寫成 $x = \sqrt{16}$，雖然不會特別改變些什麼，
卻提供了一個好用的簡稱，讓我們可以選擇把這個數稱為「16
的平方根」，而不是「平方之後等於 16 的那個數」。當然在這
個例子裡，我們可以說這個數一定是 4 或 –4。

　　同樣的，如果我們有兩個變數 x 和 y，某個微分方程式描
述了它們之間的關係，好比說

$$dy = x^2\,dx$$

我們就能用萊布尼茲的記法，把它改寫成可能會更令人滿
意的形式：

$$y = \int x^2\,dx$$

附帶一提，我們通常把它讀作「$x^2\,dx$ 的積分」，而不是用

它原始的字 summa。（積分的英文字 integral 源自拉丁文的 integer，意指「整個」。）萊布尼茲的符號叫做積分符號，而反微分的運算過程，通常稱為積分法。

在這個特殊的例子裡，我們可以透過猜測而後修正，得到下面的結果：

$$\int x^2 \, dx = \frac{1}{3} x^3 + 常數$$

實務上，許多人使用平方根符號 $\sqrt{}$ 和積分符號 $\int$ 的時候，態度有些漫不經心。意思是說，在我寫出 $\sqrt{16} = 4$ 時，我很清楚知道 –4 也是 16 的平方根；偶爾我甚至還會寫成 $\sqrt{16} = \pm 4$，藉此提醒自己。同樣的，如果我寫出像是

$$\int x^2 \, dx = \frac{1}{3} x^3$$

往往也十分清楚，後頭可能要加一個常數項。對於會流失資訊的任何一種運算，情形也一樣；如果好幾個數全都跑向同樣的結果，逆運算就會帶有某種程度的曖昧不明。你要怎麼使用數學符號，是你自己的事，但如果你不小心，就可能產生令人混淆的結果！

不管怎樣，大部分的數學家使用積分符號時（至少在這個脈絡下），是代表微分符合所給條件的任何一個變數，常數項通常不會明白寫出來，不過大家都心照不宣。

這麼說來，量度的技術到最後幾乎可說是變成要弄懂積分算子的運作。我在前面也提過，這沒那麼簡單，但也並不表示

我們對它一無所知。過去350年間，數學家發現了上百種模式和公式，彙集成積分表，這些表實際上就是某種積分法（但也是頗陽春的算法，因為許多最有趣、自然生成的微分並未列入）。

繼續用平方根來類比。我們當然會有運氣好的時候（例如$\sqrt{16}$），能夠把一個數學式寫成更明確的形式，但大多數時候，就像$\sqrt{2}$的情形，問題並不在於要找到更簡單的形式；這個數本身，根本就沒辦法用你想用的語言來表達。

同樣的，大多數的積分也無法用基礎運算（例如加減乘除、平方根、正弦和餘弦）來表達。譬如下面這個積分式

$$\int \sqrt{1+\sin^2 x}\ dx$$

當然會等於某個變數，以某種明確的方式隨x變化，但我們可以證明這個相依關係無法用代數與三角的模式來描述。這是個非常漂亮的例子，說明近代數學竟有如此的威力，讓我們能夠做出這樣的論證（當然，我在這裡無法花篇幅解釋清楚，我承認這挺讓人洩氣的）。

這下子，我們可說陷入了從哲學角度來看十分有趣的處境。試想一下封閉曲線的面積，首先我們面臨相當令人慚愧的狀況，那就是幾乎所有的曲線基本上是無法描述的（因為這些曲線並沒有可用有限語言編寫出來的模式），再者，即使是我們可以討論的曲線（也就是那些可用一組變數和關係式來描述的曲線），也經常導向難以明確描述其解的微分方程式。雖然

我們有威力強大的漂亮微分理論（還附上一個算*法*可用哪！），但當權派（數學之神？）卻下令說，我們只能在極少數的情況下清楚獲悉一切資訊。

　　往好的方面想，至少我們有了描述量度的統一語言，而透過這種語言，我們能夠找出連結，看出量度之間的相互關係，即使我們無法知道得太清楚。尤其是，如果兩個問題看似不相干，卻導向同一個微分方程，那麼縱使求不出解，我們仍然知道兩問題之間隱藏了某種關連。仔細想想就知道，這終究是語言構念唯一的真正價值，也是人類藉由語言唯一能做到的事。

拋物線所圍的面積與角錐的體積有何關連？

你能不能求出微分方程式 $2x\,dy = y\,dx$ 的解？

24

　　我總是喜歡拿古代研究幾何量度的方式，來和近代的研究方式比較一下。希臘古典的想法是把量度按住，然後做分割；十七世紀的方法則是任它四處跑，觀察它的變化。比起靜止不動的單個量度，無數個不斷變動的量度處理起來反而簡單多了，這還真有點不合常理（至少帶有反諷意味）。我必須再強調一次，訣竅就是找出方法讓你的量度產生運動。

當然啦，你處理的問題與運動有關時，會特別容易做到——如果東西已經在運動，要讓它們產生運動並不困難。為了說明這個概念，我們就來量量看擺線的長度。

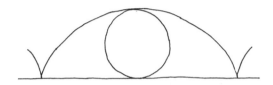

最容易想到的量度，是一個完整拱形軌跡的長度（不妨和滾動圓的直徑做個比較）。古典的做法，是把擺線切成許許多多小段，再用線段去逼近，試著找出總長度近似值的走向。（這正是 1630 年代白努利和其他數學家所採取的做法。）

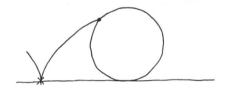

相反的，如果可以把長度視為變數，我們就能運用近代的微分法。長度當然是一直在變的——擺線不就是滾動的圓所形成的呀！因此，運動中的點在每一瞬間都會走出一定的長度。

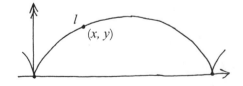

回過頭看一下擺線的坐標描述，我們會有三個變數 t、x 和

y，它們之間有以下的關係式：

$$x = t - \sin t$$
$$y = 1 - \cos t$$

在任何一個時間 t，這個點會在 (x, y) 的位置。我們把它走出的長度稱為 l。所以我們要處理的問題就是，l 會如何隨 t 變化。按照慣例，我們要找一個 l 的微分方程式。

假定經過了一段非常短的時間，我們要看看 x、y 和 l 的小變化量。

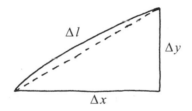

這些變化量非常小時，Δl 這段長度差不多就等於 Δx 和 Δy 所成直角三角形的斜邊長。（這正是古典概念仍能發揮作用之處。）由畢氏定理，我們可以寫下這個近似值：

$$(\Delta l)^2 \approx (\Delta x)^2 + (\Delta y)^2$$

令時間間隔 Δt 趨近零，就得所求的微分方程：

$$dl^2 = dx^2 + dy^2$$

附帶一提，現在我們習慣寫 dx^2，而不用 $(dx)^2$ 這種較為累

贅的寫法。只是要小心別把 dx^2 和 $d(x^2)$ 搞混了。如果你擔心會搞混，當然還是可以加上括號。

好啦，我們找到了「無窮小」版本的畢氏定理，它把微分弧長 dl，用水平分量與垂直分量來表示。你也可以這麼想：由於 dl/dt 是所經過距離的變化率，因此一定會等於這個點的運動速率，也就是速度向量 $(\dot{x}, \dot{y})$ 的長度。於是，

$$\frac{dl}{dt} = \sqrt{(\frac{dx}{dt})^2 + (\frac{dy}{dt})^2}$$

這也同樣證明了：$dl^2 = dx^2 + dy^2$。

這個畢氏關係式可以適用於平面上的任何弧長，不管是不是運動所成的軌跡。

三維空間中的弧長，又是什麼情形？

把這個關係式應用到我們的擺線，就得到

$$\begin{aligned} dl^2 &= dx^2 + dy^2 \\ &= (d(t - \sin t))^2 + (d(1 - \cos t))^2 \\ &= (1 - \cos t)^2 \, dt^2 + \sin^2 t \, dt^2 \end{aligned}$$

所以

$$dl = \sqrt{(1 - \cos t)^2 + \sin^2 t} \, dt$$

這就是我們為了量出擺線的長度，所要解的微分方程。

表面上看起來希望渺茫。這麼錯綜複雜的微分式，到底要怎麼求積分啊？悲慘的事實是，由於畢氏定理的複雜特質（平方、相加，然後再開根號），想求出弧長，到最後幾乎一定都會碰到無法用初等函數的語言來表達的積分式。

幸好擺線是例外。我們發現，下面這個數學式

$$\sqrt{(1-\cos t)^2 + \sin^2 t}$$

有個非常簡單又漂亮的改寫方法。想像一段圓弧，弧長為 t。

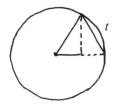

然後，我們就可以把 $1 - \cos t$ 和 $\sin t$ 看成是斜邊為 $\sqrt{(1-\cos t)^2 + \sin^2 t}$ 的直角三角形的邊長。換句話說，我們感興趣的這段長度，正是弧長 t 所對應的弦長。（先前我們在量擺線運動的速度時，已經看過它了。）巧妙的招數來了：把圓旋轉一下，好讓這條弦呈垂直。

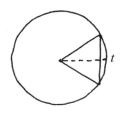

現在我們會發現，這條弦平分成兩段，每段剛好就是半個弧長的正弦。也就是說，所求的弦長也可以寫成 $2\sin\frac{t}{2}$。因此，簡單改變一下視角（每個偉大的概念不都是如此！），就冒出了下面這個出人意料的漂亮結果：

$$\sqrt{(1-\cos t)^2 + \sin^2 t} = 2\sin\frac{t}{2}$$

正弦及餘弦之間有很多類似這樣的相互關係，終究都來自等速圓周運動的對稱和單純特質。

利用這個結果，導出半角公式

$$\sin^2\frac{t}{2} = \frac{1}{2}(1-\cos t)$$

$$\cos^2\frac{t}{2} = \frac{1}{2}(1+\cos t)$$

現在我們可以把擺線弧長的微分方程，改寫成

$$dl = 2\sin\frac{t}{2}\,dt$$

這樣好看多了！看起來我們很有機會求出它的積分。合理的猜測是 $l = -\cos\frac{t}{2}$。來算算看：

$$d(-\cos\frac{t}{2}) = \sin\frac{t}{2}\,d(\frac{t}{2})$$

$$= \frac{1}{2}\sin\frac{t}{2}\,dt$$

結果差了 4 倍。所以我們知道

$$\int 2\sin\frac{t}{2}\,dt = -4\cos\frac{t}{2}$$

當然，可能還要再加一個常數。檢查一下初始值 $t = l = 0$，會發現結果一定是

$$l = 4 - 4\cos\frac{t}{2}$$

這就是答案了！我們運用微分法（加上一個跟圓有關的妙招），成功找到了擺線的弧長變數。特別是，完整的拱形（從 $t = 0$ 到 $t = 2\pi$）的長度為

$$4 - 4\cos\pi = 8$$

實在不可思議！擺線拱形的長度竟然剛好等於四個直徑長。很難找到比這更漂亮的量度。若是擺線所圍出的面積，或許就另當別論了。

證明：擺線拱形下方的面積剛好是
滾動圓盤面積的三倍。

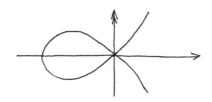

找出結點三次曲線 $3y^2 = x^3 + x^2$ 當中
迴圈的長度與面積。

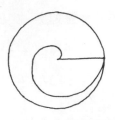

證明：螺線轉一整圈所掃出的面積

占了對應圓盤的三分之一。

25

　　我得請你再忍耐一下，讓我講一點哲學。在此碰到的重要想法是，我們可以把幾何學（在研究大小與形狀）納入有關於變數的研究（也稱為**分析學**）。想想真是有趣，看似相去甚遠的數學結構，搞半天竟是一樣的東西。正如我在前面所說的，數學家真正感興趣的是模式。如果你想從幾何觀點看這樣的模式，也許能獲得某種洞見；然而若是看成一組抽象的數值變數，說不定又會看出另一番道理——兩種觀點帶來的情緒感受，當然截然不同。

　　有趣的事情是，為什麼歷史會如此發展，為什麼近代方法有更大的成就。古希臘幾何學家的才氣與智慧，和十七世紀的同行不相上下（如果不是更勝一籌的話）。這當然不是數學天賦的問題。

　　古希臘人偏愛直接的幾何推理，原因很多，美學經驗當然是其中之一。事實上，他們這種偏頗還發揮到了極致，甚至用幾何觀點看數字（看成棍長），並把數的運算想成幾何變換（例如把乘法當成縮放）。這其實嚴重阻礙他們的理解。

　　近代的方法幾乎完全相反。曲線和其他幾何物件以數值模式來取代，而量度方面的問題，成了有關於微分方程的研究。如果這兩種觀點是等價的，為什麼其中一種的威力和方便性會遠超過另一種？

　　身為視覺動物，我們自然會偏好圖像，而不喜歡一長串咒文般的符號，這點毫無疑問。拿我來說，我會想和我所面對的問題，建立一種能夠實際碰觸到的連結。我想像自己的手撫過某個面，或是把某個物件扭動一下，然後在腦海裡描繪出接下來發生什麼情形，這都有助於搞清楚相關的問題。但我也明白，在不得已時，事實真相仍藏在細節裡，而細節存在於數字模式中。

　　任何一個分析（解析）學上的論證，當然都可以辛苦轉化成純幾何的論證，這實際上正是許多十七世紀數學家的做法；儘管如此，當時仍然非常偏向幾何推理。不過這麼一來，往往也產生出許多非常扭曲、造作的解釋，反而取代了簡潔到難以置信的解析論證。

　　我覺得我現在其實在談現代主義（modernism）。像是講求抽象、鑽研模式，以及最後與大眾漸行漸遠的結果（這令人遺憾），同樣這些議題也存在於現代藝術、音樂和文學之中。我

甚至敢說，我們數學家朝這方向走得最遠，理由很簡單：我們沒有遇到什麼阻攔。我們掙脫了實體世界的種種限制，因而能夠在單純之美的方向上不斷推進。數學是唯一真正的抽象藝術。

對我來說，從心理層面上看，不管幾何觀點多麼符合美學和情感需求，解析法終究遠比古典方法來得漂亮且威力無窮。我們已經看到不少例子——描述能力增強，統一的語言帶來的好處（讓我們看到藏在背後的關連），以及易於一般化。又譬如說，古典幾何學家（就我所知）甚至未曾想到四維空間，但在分析學上，多加一個變數，是很明顯又自然的事。

我並不是在主張該捨棄幾何觀點。顯然，數學最大的樂趣就來自於把不同觀點綜合在一起——且能夠自如運用多種觀點，而你的數學自我中各部分能夠互通訊息。若視覺圖像有所幫助（通常有助於通曉全局或是掌握直觀上的關連），就做幾何思考，若看起來適合採用解析法（通常適合做出精確的量度），就用解析法。

事情就是這樣。有很多漂亮的模式存在。有一些很容易看見和感受到，就像三角形占矩形外框面積的一半；其他的模式，沒辦法馬上想像出畫面，比方說 $d(x^3) = 3x^2\ dx$。就只好接受它吧；我自己會很願意接受所有形式的美。對我來說，當個數學家，就是這麼回事。

26

　現在我想介紹微分法的另一個應用,這個應用非常漂亮,威力強大,可能也是最實用的。

　想像有個圓錐擺在一個球內。

　要是我知道這個圓錐的量度,譬如它的高對球直徑之比,要定出它的體積,就比較簡單了。不過,如果我想要讓圓錐最大呢?這樣的話,我並不知道它的量度,只知道我希望體積越大越好。在這個情形下,形狀本身是會變動的,而不是要去量出固定形狀的大小。

　我們可以想像一下各種可能的圓錐形狀,小到像是窩在球頂的扁圓錐,或者尖到像貫穿球心的冰柱。

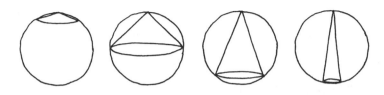

　最佳形狀(從體積最大的意義來看)顯然介於這兩者之間。直覺上,我覺得這個圓錐的底應該稍微低於球體赤道面,

但不容易看出確切的位置。

　　想讓某個量度有最大值（或最小值），這類型的問題可說歷史悠久，稱呼為極值問題。舉例來說，古巴比倫人就已經知道，周長一樣的所有矩形當中，面積最大的是正方形。你可以想一想下面這個相關問題：

長度一樣而由三個邊組成的矩形（類似於∏字形）當中，哪一個圍出的面積最大？

　　從抽象的角度看，極值問題所看的是一個變數（量度）與另一個變數（形狀）的相依關係。針對球內接圓錐的例子，我們可以想像一個關係圖：

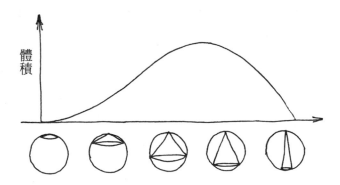

　　圓錐越高，體積也越大，但等到圓錐變得又高又瘦，體積就會開始遞減，最後掉到零（我把兩個極端情形，也就是圖形最左邊的零體積單點「錐」與最右邊的零體積細桿，都包括在內）。無論如何，我們想找的圓錐就落在當中某個地方——如果我的直覺沒錯的話，應該在中央稍微偏右的位置。

為了更精確些，我們就來建構一個「變數與關係式」的模型。（這照舊是最困難的部分。）我們先取球的半徑當作單位（至少這一點是不會改變的！），然後用 h 和 r 來表示圓錐的高及半徑。從球心縱切之後，我們會看到這樣的切面：

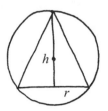

圓錐必須剛好塞進球內，這個幾何限制代表的意義是，h 和 r 必定有某種相互關係。實際上我們會發現，從球心到圓錐底面的距離，剛好是 $h - 1$。（我猜我是在暗自假設錐底的位置低於赤道面，否則這段距離就會是 $1 - h$。）

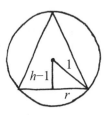

從球心到圓錐邊緣的距離是 1，所以畢氏定理告訴我們：

$$(h - 1)^2 + r^2 = 1$$

要注意，如果圓錐的底高於赤道面，我們也會得到同樣的方程式（因為有平方）。我很喜歡有這種情況出現。好了，不

管是哪種情形,我們都會得到

$$r^2 = 1 - (h-1)^2$$
$$= 2h - h^2$$

這個方程式在告訴我們,圓錐的半徑會如何隨著高而變化。那麼圓錐的體積,就是

$$V = \frac{1}{3}\pi r^2 h$$
$$= \frac{\pi}{3}(2h^2 - h^3)$$

這樣我們就可以畫出更精確的圖形了。

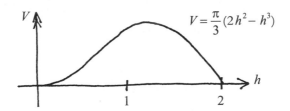

我們的圓錐問題,現在變成抽象的數值問題:哪個 h 值會讓 V 最大?

暫時把它想像成描述某個運動的時空圖(也就是說,h 代表時間,V 代表比方說球的高度)。我們所要問的就是,這顆球在哪個時刻會到達最大高度。答案當然是:速率為零的時候。或者我們也可以說,是在圖形切線呈水平的時候。

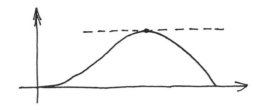

我的意思是，變數到達極值時（不論是極大值還是極小值），這個變數的變化率這時一定會等於零。否則的話，它要不是仍在往上爬，就是已經在走下坡了。因此，變數登頂時，它的微分必定會消失為零。這毫無疑問是分析學史上最簡單、也最威力無窮的發現之一。現在就來看看，我們的圓錐可以從這項發現得到什麼。

在 h 的值剛好讓 V 成為最大值的那瞬間（所謂的臨界點），一定是 $dV = 0$。這麼一來，

$$dV = \frac{\pi}{3} d(2h^2 - h^3)$$

$$= \frac{\pi}{3}(4h - 3h^2)\, dh$$

而 $4h = 3h^2$ 時，這會變成零。（要注意，我們不用擔心微分 dh 為零的情況，因為在那個瞬間，半徑與高仍然在變動。）於是，$h = 4/3$。因此，圓錐的底位在赤道面下方三分之一處時，體積最大。

　想不到吧！所以說，利用解析法來處理極值問題，就是在找出微分消失為零的那個瞬間。實際上，這當中有幾個重點。首先，誰說這種瞬間只會有一個？譬如我們可能會遇到像這樣的關係圖：

　圖中標出的每一個點，都是切線呈水平的位置。所以微分消失的情形不僅發生在最大、最小值（所謂的絕對極大、極小值），也發生在局部極大、極小值——變數在這些地方會瞬間改變方向。

　我們再回頭看一下圓錐問題，用稍微廣一點的觀點來看。

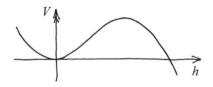

　$V = \frac{\pi}{3}(2h^2 - h^3)$ 這個關係式是十分抽象的。沒錯，我們自

己曉得是在談圓錐的體積和高，但是 V 和 h 並不知道（它們也不在乎）。特別是，變數的某些值並沒有對應的幾何意義（例如 $h = -1$，$V = \pi$）。甚至還可能有一些符合 $dV = 0$ 的瞬間，只是來自抽象觀點的產物，而與原來的問題無關。（對於現代藝術來說，這可能是個好主題！）

在這個例子裡，我們會發現實際上除了 $h = 4/3$，還有別的點也符合 $dV = 0$，那就是 $h = 0$。會發生這種事，原因是 V 和 h 之間的關係在那個點「彎折」了一下，意思是 h 從正值走到負值時，V 跑到零然後又回頭。這在幾何上當然沒有意義，因為高不可能是負的。但如果高真的是負的呢？

你能不能替高為負值的圓錐做出
幾何上的解釋？如果體積是負的呢？

令 $dV = 0$ 時，我們得到的方程式是 $4h = 3h^2$。要注意的是，$h = 0$ 是一個解——只是我們欣然忽略它。很有趣的是，這個點（對應到單點圓錐）是體積的局部極小值，但另一個端點（$h = 2$ 所對應到的直桿）卻不是。儘管如此，直桿仍是原始問題裡體積最小的一點。會有這種令人困擾的不對稱性，是因為只有落在 $0 \leq h \leq 2$ 區間的值，才具有幾何意義，而在這個範圍內，$h = 0$ 和 $h = 2$ 都剛好是最小值。換句話說，最大值和最小值有可能出現在**邊界值**，以及微分消失的局部極大極小值。

再舉一個例子——這個例子顯然有不少實際應用。我們來

幫濃湯罐頭設計出最佳外形吧。我所說的「最佳」，意思是在
表面積一樣（使用到同樣多的金屬）的情況下，能裝得最多。
我真正要講的當然不是濃湯和金屬，而是圓柱。

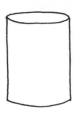

圓柱的半徑 r 和高 h 會定出形狀，而它的體積與表面積分
別是

$$V = \pi r^2 h$$
$$S = 2\pi rh + 2\pi r^2$$

（當然，我也把上下罐頭蓋算在內了。）具有幾何意義的變
動範圍，是從壓扁的罐頭（$h = 0$）到長棍狀（$r = 0$）。同時，
我們讓表面積 S 保持不變。這就表示 r 和 h 之間有相互關係。
如果我願意，也可以寫成

$$h = \frac{S - 2\pi r^2}{2\pi r}$$

然後用單一變數 r 來表示所有的東西。但很不湊巧，我不
願意這麼做，倒是想趁機介紹另一種我覺得更巧妙的做法。

概念是這樣的。由於 S 是常數，所以在任何時候一定會得
到 $dS = 0$。因為我們想找出體積最大的時候，因此在那一刻，

一定會得出 $dV = 0$。特別是，在我們感興趣的那個瞬間，會同時得出 $dV = 0$ 和 $dS = 0$。於是我們會得到 r 和 h 的兩個微分方程式：

$$d(\pi r^2 h) = 0$$

$$d(2\pi rh + 2\pi r^2) = 0$$

利用微分法把它們展開（再同除以常數），就會得到下面這個微分方程組：

$$2rh\,dr + r^2\,dh = 0$$

$$(2r + h)\,dr + r\,dh = 0$$

在圓柱形狀通過臨界點的那一瞬間，這個方程組一定成立。（要注意，不管是 dr 還是 dh，都不能為零，因為罐頭在這個瞬間仍繼續在變瘦變高。）

把第二個方程式乘上 r，然後與第一個方程式相減（還要除以 dr），就會得到

$$(2r^2 + rh) - 2rh = 0$$

這表示，$2r^2 = rh$ 時，會做出最佳的圓柱。這個方程式有兩個解，即 $r = 0$ 和 $2r = h$。第一個解顯然落在邊界，而第二個解是我們要找的最大值。因此，罐頭的最佳形狀是高要等於直徑。

換一種方式來看，這也是正方形旋轉所成的形狀。是不是很漂亮！也許不是完全意想不到，但仍然出乎意料。這個技巧如此精簡，總令我驚嘆不已。

　　如果我們想找最佳的無蓋濃湯罐頭，又是什麼情形？

　　　找出可放進已知圓錐的最大內接圓柱。
　　　如果是放進球體呢？

　　表面積相同的圓錐當中，哪種圓錐的體積最大？

27

　　如果要比較古典與近代的數學觀點，最好的例子大概就是圓錐曲線的量度。從歷史的角度來說，圓錐曲線因為是（除了直線）最簡單的曲線，所以一直是幾何學家的天然判例。從古典的觀點看，圓錐曲線（圓錐截痕）正如其名——截圓錐所成的曲線。根據切面的斜度，這些曲線很自然就劃分為三類——橢圓、拋物線及雙曲線。從這個描述，馬上就能產生古典幾何

的所有結果（例如焦點性質和切線性質）。接著，我們又有了射影幾何的觀點，可把圓錐曲線看成對同一個圓的不同投影。所有的觀點當中，最簡單的大概就屬代數觀點了，從代數的角度看，圓錐曲線是以下這種形式的二次方程式所描述的（非退化）曲線：

$$Ax^2 + Bxy + Cy^2 + Dx + Ey = F$$

重點是，不論你想在哪種結構體系下操作，圓錐曲線看起來都會是最簡單的物件。所以我們很自然想去度量這種曲線。

古典幾何學家當然也想這麼做。實際上，古希臘數學最重要、最影響深遠的著述之一，正是阿波羅尼斯的《圓錐曲線》（*Conics*）。這部巨作共有八卷，介紹了當時關於圓錐曲線及其迷人性質所知的一切知識。其中特別讓人感興趣的，就是切線的行為。比方說，阿波羅尼斯證明出，拋物線上任一點的切線與對稱軸的交點，和拋物線頂點之間的距離，恰好等於該點與頂點的垂直距離。

你能不能運用微分法證明這件事？

本質上，我們可以把這一類的結果視為角度方面的結果。碰到長度和面積，古典幾何學家的成就則是非常有限。對於橢圓或拋物線所圍出的面積，窮盡法很成功，但是對於雙曲線，它就沒轍了。至於圓錐曲線的長度，後來證明是難若登天（其中又以橢圓的周長格外惱人）。

古典窮盡法的麻煩在於，我們必須很聰明才行。把東西分割再做逼近，方法有無窮多種，但它必須真正巧妙到讓我們看出逼近的最終結果。這正是古典幾何學家使不上力的地方。近代的分析學不但說明了為什麼他們注定失敗，也讓我們看到幾個暗藏的漂亮關連，似乎正是他們沒注意到的。

首先，我們需要圓錐曲線的坐標描述，越簡單越好。橢圓很容易處理，把圓形拉長就行了。

我們可以把長半徑為 a、短半徑為 b 的橢圓，看成單位圓在兩個坐標軸方向上各拉長了 a 倍和 b 倍。由於描述單位圓的方程式是 $x = \cos t$，$y = \sin t$，那麼為了要做出橢圓，我們只需把方程式改一下：

$$x = a \cos t$$
$$y = b \sin t$$

或者，如果你不喜歡參數 t 老是出現，也可以改寫成：

$$(\frac{x}{a})^2 + (\frac{y}{b})^2 = 1$$

這同樣也在描述單位圓 $x^2 + y^2 = 1$ 的伸縮。

為什麼坐標變數要除以伸縮倍率？
對於一般的伸縮這也是正確的嗎？

現在我們有了橢圓方程式，那麼長度和面積的積分式會是什麼模樣呢？既然橢圓只是把圓做了伸縮，我們當然會預期面積的積分式是初等函數（也就是可以明確描述的）。我們就來看看是不是這樣。

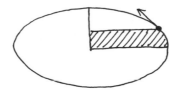

想像有個點，按照 $x = a \cos t$，$y = b \sin t$ 這個模式，沿著橢圓運動，我們會發現，集合起來的面積 A 會滿足微分方程 $dA = x\,dy$，因此我們感興趣的積分式就是

$$\int x\,dy = \int ab\cos^2 t\,dt$$

我們可以應用半角公式

$$\cos^2 t = \frac{1}{2}(1 + \cos 2t)$$

把上式改寫成

$$\frac{1}{2}ab\int(1+\cos 2t)\,dt = \frac{1}{2}ab(t+\frac{1}{2}\sin 2t)$$

正如所料，是可以用初等函數來描述的。特別是，$t = 2\pi$ 時，可得橢圓面積 πab。所以在某種意義上，古典幾何學家能夠處理橢圓截面面積，「理由」在於 $\int\cos^2 t\,dt$ 為初等函數。

橢圓周長就是另一回事了。跟周長有關的積分為

$$\int\sqrt{dx^2+dy^2} = \int\sqrt{a^2\sin^2 t+b^2\cos^2 t}\;dt$$

這種形式的積分（當然稱為橢圓積分）經常出現在分析學中，如今已經知道通常不會是初等函數。當然，比方說 $a = b$ 時，可得 $\int a\,dt = at$，會對應到圓弧長，但一般情況下，橢圓周長是 a 和 b 的非初等超越函數，所以不可能有精確的描述。我們也許會想，既然圓的圓周長是 2π，那麼橢圓周長說不定就會像

$$2\pi\times（某個隨 a 和 b 變化的簡單式子）$$

差遠了。也難怪古希臘人陷入苦思。並非他們不夠聰明，而是他們想說的東西無法用他們想用的語言來陳述。

至於拋物線，我們在前面用的方程式是 $y = x^2$。萬一你還沒有自己推導出這個方程式，我來做給你看。假設我們有一條拋物線，所選的單位及賦向會讓它對 y 軸左右對稱，且焦點在 $(0, 1)$。

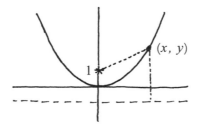

拋物線的焦點性質是說，曲線上任一點到焦點的距離，會等於該點到準線（在此例中即為直線 $y = -1$）的距離。所以，如果 (x, y) 為拋物線上一點，可知

$$y + 1 = \sqrt{x^2 + (y-1)^2}$$

把這個式子平方並重組，就得

$$x^2 = (y+1)^2 - (y-1)^2 = 4y$$

所以這條拋物線的方程式是 $4y = x^2$。如果願意，可以重新定標（讓焦距變成 $\frac{1}{4}$，就會得到常見的 $y = x^2$）。由於每條拋物線彼此相似，我們乾脆就用最簡單的方程式。

我們之前已提過拋物線面積的積分式

$$\int y \, dx = \int x^2 \, dx = \frac{1}{3}x^3$$

它不僅是初等函數，同時也是**代數函數**（並未牽涉到三角函數）。這正是阿基米德成功的原因。相較之下，我們也有弧長積分式（在這裡我喜歡用 $y = \frac{1}{2}x^2$ 這個方程式）

$$\int \sqrt{dx^2 + dy^2} = \int \sqrt{1 + x^2} \, dx$$

無論要用何種方法量出一段拋物線的長度，都相當於要算出這個積分——這就是我所說的統一的語言。雖然它看起來無害，但這個積分實際上非常困難。

繼續往下討論之前，我們先來看雙曲線。好，因為所有的雙曲線都是直角雙曲線（即漸近線相互垂直的雙曲線）的伸縮變形，我們不如就從找出直角雙曲線的方程式開始吧。如果我們以對稱軸的方向當作坐標方向，就會得到這個圖形：

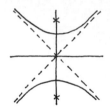

接著我們就可以利用雙曲線的焦點性質（必要時可以重新定標），得出方程式

$$x^2 - y^2 = 1$$

你能不能推導出這個方程式？

特別是，這表示所有的雙曲線，都可以用下面這種形式的方程式來描述：

$$(\frac{x}{a})^2 - (\frac{y}{b})^2 = 1$$

你會看到這和橢圓的方程式幾乎一樣，只差了一個負號。這當然和兩者焦點性質的差異有關。

另一方面，如果我們改用坐標軸當作漸近線（即無窮遠處的切線），就會得到方向不同的直角雙曲線：

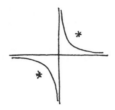

在這種方向之下，得出的方程式變成 $xy = 1$，就某些方面來說更簡單了。當然，這兩種形式必定互有關連，事實上是與巴比倫人的平方差公式有關：

$$x^2 - y^2 = (x+y)(x-y)$$

坐標系做了旋轉，就相當於改用 $x + y$ 和 $x - y$ 當作新坐標。

附帶一提，現在我們可以看出，倒數關係式 $y = 1/x$ 的圖形，恰好是直角雙曲線。

你能不能推導出直角雙曲線方程式 $xy = 1$？
它的焦距有多大？

為了簡單起見，我們現在只看直角雙曲線 $xy = 1$。當然還有很多其他的雙曲線可以度量，但是所有的困難點都會在這個

特例中看到。相關的積分式（面積和弧長）是

$$\int y \, dx = \int \frac{dx}{x}$$

以及

$$\int \sqrt{dx^2 + dy^2} = \int \sqrt{1 + \frac{1}{x^4}} \, dx$$

跟前面一樣，我們的面前是兩個看似單純的積分式，但其實十分棘手。我們會發現，第二個積分（求弧長的積分）經證明為非初等的，而且可以改寫成（修改過的）橢圓積分。所以，至少就某個抽象意義來說，雙曲線長度與橢圓長度有關。不過，真正令人吃驚的是面積的積分。什麼？我們沒辦法做 dx/x 的積分？太難堪了吧！我們真的要容忍這種狀況嗎？

在處理這個令人憂心的發展之前，我們先回頭看一下拋物線的弧長積分，$\int \sqrt{1 + x^2} \, dx$。結果，這個積分竟然和雙曲線面積的積分 $\int dx / x$ 密切相關。我之所以想提這件事，有兩個理由。第一個原因是，一種圓錐曲線的長度居然和另一種圓錐曲線的面積有關，這實在太不可思議了。第二個理由則是，這正是說明解析法的絕佳例子。

繼續看我們所感興趣的積分式

$$\int \sqrt{1 + t^2} \, dt$$

（我改了記法，以免和前面採用的符號搞混。）

我們把 $\sqrt{1 + t^2}$ 簡寫成 s（所以 s 是我為了換掉這個比較複

雜的式子，所造出來的新變數——待會你就明白這個技巧的好處了）。現在，可得

$$s^2 - t^2 = 1$$

這是直角雙曲線的方程式。至於我們的積分，就變成 $\int s\,dt$，恰好就是直角雙曲線的面積積分。所以，我們已經把關連展現出來了，剛才只是在讓式子更清爽些。我們還可以再進一步，令

$$u = s + t$$
$$v = s - t$$

這樣就能把方程式 $s^2 - t^2 = 1$，再改寫成 $uv = 1$（這也是經過旋轉的直角雙曲線）。那麼前面的積分也可以改寫，由

$$s = \tfrac{1}{2}(u+v)$$
$$t = \tfrac{1}{2}(u-v)$$

可得

$$\int s\,dt = \int \tfrac{1}{4}(u+v)\,d(u-v)$$
$$= \tfrac{1}{4}\int u\,du - u\,dv + v\,du - v\,dv$$

因為 $uv = 1$，可知 $u\,dv + v\,du = 0$，於是我們的積分就變成

$$\tfrac{1}{8}(u^2 - v^2) + \tfrac{1}{2}\int v\,du = \tfrac{1}{2}st + \tfrac{1}{2}\int \frac{du}{u}$$

繞這麼一大圈的結果就是

$$\int \sqrt{1+t^2}\, dt = \frac{1}{2} t \sqrt{1+t^2} + \frac{1}{2} \int \frac{du}{u}$$

當中的 $u = t + \sqrt{1+t^2}$。所以,度量拋物線長度時所遇到的障礙,就和度量雙曲線面積時面臨的困境一模一樣,即 $\int du/u$。

問題在於,這是哪種函數?是代數函數,還是超越函數?它會牽涉到三角函數嗎?或者根本就是新的函數?又或是近在眼前,只是從沒有注意過?

證明 $\int \dfrac{dx}{x^{m+1}} = \dfrac{-1}{mx^m}$

對所有的 $m \geq 1$ 都成立,但對 $m = 0$ 不成立。

證明:完整一個週期的正弦波的長度,

會等於短半徑為 **1**、長半徑為 $\sqrt{2}$ 的橢圓的周長。

28

我們嘗試度量圓錐曲線,但遇到了大難題。圓錐曲線可說是最簡單的曲線,也確實產生了看似簡單的漂亮微分方程,但

出於某種原因，我們似乎沒辦法解這些方程式。特別是，雙曲線下的面積與拋物線的長度，都歸結到同樣的問題：$\int dx \,/\, x$ 到底是什麼？

先不論度量圓錐曲線的吸引力，這個積分本身也有分析學上的趣味。還有什麼微分比 dx/x 更簡單、更自然呢？它的積分想當然也很簡單、很自然，不是嗎？這樣還會有什麼問題？

明顯的做法是做出一連串聰明絕頂（希望碰碰運氣）的猜測，直到我們找到代數函數或三角函數的某種巧妙組合，它的導數剛好就是倒數函數。很不幸，這是在白費力氣。你可能已經猜到，這個積分不但簡單自然，還代表一個全新的超越函數。

所以我們沒辦法用解析法，來解決雙曲線面積的問題。相反的，我想告訴你該怎麼利用雙曲線的幾何學，多了解一下這個積分。這是說明幾何學與分析學持續對話的另一個好例子。

為求明確，我們用 $A(w)$ 來表示在雙曲線 $xy = 1$ 下方、x 從 1 到 w 所包圍出的面積。

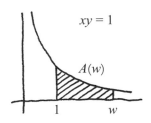

（我當然更喜歡從 $x = 0$ 開始取面積，只不過倒數的曲線在那個點是無限大，所以 $x = 1$ 似乎是第二好的選擇。）現在，

$A(w)$ 正是我們想尋找的函數──也就是 $dA = dw/w$。

通常我們想度量的是任兩點 a 和 b 之間的面積。

如果 a 和 b 都大於 1，這個面積就可看成是 $A(b) - A(a)$ 這個差。（我們待會就會知道 $x = 1$ 左邊的面積該如何處理。）因此，知道了函數 A ──也就是弄清楚 $A(w)$ 如何隨 w 變化，我們就徹底解決了雙曲線面積的問題。反過來說，與雙曲線面積有關的任何資訊，也會透露出 $A(w)$ 的行為。

很碰巧，倒數曲線的確有個非常漂亮的面積性質：縮放不變性。為了說明，我們來看兩塊雙曲線下方的面積。

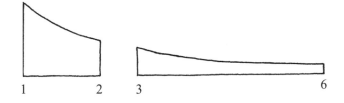

要注意的是，第二塊區域（從 3 到 6）的寬度是第一塊（從 1 到 2）的三倍，而高度只有三分之一，因為我們處理的是倒數曲線。說得更確切些，第一塊的每個長條，會對應到第二塊上三倍 、三分之一高度的長條。如果願意，我們可以把第二塊面積想成第一塊的伸縮──水平伸縮了 3 倍，垂直方向上

則是 1/3 倍。這樣合理嗎？

　　重點是，這兩塊面積結果一定會相等。面積經過伸縮，要乘上拉長的倍數，而我們剛才用了兩個會互相抵消的倍率。當然，並不是非要 3 不可。換成是一般情形，說法就變成：從 a 到 b 的面積會等於從 ac 到 bc 的面積。你知道為什麼嗎？

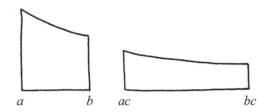

你能不能利用縮放不變性

度量出 $x-1$ 左邊的面積？

　　這表示，倒數曲線下方區域的面積，只會隨端點之比而變化，而不是隨端點本身變化。特別是，對於任意兩數 a 和 b，從 1 到 a 的面積會等於從 b 到 ab 的面積。

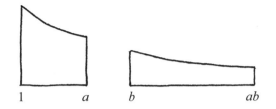

　　如果我們用分析學的方式，以面積函數 A 來描述，就會是 $A(ab) - A(b) = A(a) - A(1)$。因為 $A(1) = 0$，我們可以把它改寫成更漂亮的形式：

$$A(ab) = A(a) + A(b)$$

美極了！雙曲線面積的縮放不變性，道出了這個謎樣的函數 A 令人意想不到的一件事：它會把乘法變換成加法。也就是說，如果我們把 A 想成是讓一個數 w 轉換成 $A(w)$ 的過程，那麼我們的意思就是，若你把兩數相乘，然後把乘積做轉換，會等同於先把兩數各自做轉換，然後再相加。（順帶一提，如果換成用別的函數，要來求曲線下方、以 $x = 1$ 以外的點為起點所圍出的面積，這個性質就不會成立了。因此，這個函數絕對是正確選擇。）

我先前提過，$A(w)$ 這個函數已知是超越函數；根本不可能算出 $A(2)$、$A(3)$ 或 $A(6)$ 之類的數。但至少我們知道，$A(6)$ 剛好等於 $A(2) + A(3)$，不論這些數會是多少。這也讓我們想到三角學的情形——儘管沒辦法算出確切的正弦值和餘弦值，但我們確實知道它們之間有許多漂亮的相互關係（例如半角公式）。

目前為止，我們只替 $w \geq 1$ 的範圍定義了 $A(w)$。該怎麼擴充 $A(w)$ 的定義，把 0 到 1 之間的 w 值也包含在內？擴充定義的同時，能不能讓 $A(ab) = A(a) + A(b)$ 這個性質仍然成立？

你能不能想出辦法來擴充 $A(w)$ 的定義？

既然講到了乘法轉換成加法，我想聊一點歷史題外話。在前面我們談到角度與長度時，我曾提到，十五世紀末（例如 1492 年）大航海時代的來臨，創造出大家對於精確三角函數表

的需求——需要相當準確的正弦及餘弦近似值。要製作這種函數表，得靠辛苦的手算，然而一旦製作完成，只要查表就能輕鬆得知函數值。（我知道這聽起來非常乏味而且實務，還請忍耐一下。）

這些航海表雖然幫航海員免除不少枯燥的計算工作，但仍然有許多算術要做。查表也許可以得知某些四位或五位數字的近似值，但你還得做些處理——譬如把它們相加、相減、相乘、相除。

你可能還記得，這種計算有個算法：數字、位值、進位等等。事實上，對加減法而言，標準程序確實很有效率。譬如，如果有兩個五位數，好比說 32768 及 48597，我們可以很快把它們相加起來：

$$\begin{array}{r} 32768 \\ \underline{48597} \\ 81365 \end{array}$$

重點在於，個別步驟（每一位數的加總再加上可能會有的進位）的數目，就等於位數的數目。因此，十位數的相加，會是上述程序的兩倍長，即使相加的數字本身龐大無比。減法的情形也類似。

另一方面，乘法就像一場噩夢（別叫我開始談除法！）。麻煩的是，它太費時了：要把兩個五位數相乘，需要做二十五次一位數的乘法（還沒算必需的相加與進位）。如果我們想算兩個十位數的乘積，免不了要做上超過一百次的運算。先不管

航海員和會計人員面臨的實務問題，我感興趣的是在純理論的層次上，一種運算竟然遠比另一種更花錢這件事。但這不值得驚訝，因為乘法畢竟只是重複做加法。

無論如何，蘇格蘭數學家納皮爾（John Napier）在 1610年發明了一套更好的系統時，從事算術的人終於鬆了一大口氣。

概念是這樣的。首先，請注意乘以 10 有多麼容易：367 × 10 = 3670。原因不在於 10 這個數有什麼特殊性質，而是因為我們選了 10 當作分組的大小。也就是說，當我們寫下一個數字，好比說 367，就是選擇用十個一組的方式（3 個百，6 個十，7 個一）來代表這個數量。所以，數字串裡的每個位置，都是下一個位置的十倍，而乘以 10，就是把每個數字往左移一位，讓計數變成十倍。我們當然可以採用不同的分組大小，比如 7，這樣的話，乘以 7 就會讓數字移動位置。（小一點的分組大小，好處是可以少背誦一些東西——只會有六個非零的數字，所以乘法表比較小。壞處則是，你要表達一個數量所需的位數會增加。）因此，選用十在數學上並沒有特別的優勢；這只是一種跟文化有關的選擇，因為我們剛好有十根手指頭。當然，這樣的「十進制」數系一旦普遍使用，乘以 10 就變得格外方便。

尤其，10 的次方數像是 100 或 10000，特別容易相乘在一起：只要數一數移了多少位。100 相當於把 1 移了兩位，10000是 1 移了四位，兩數的乘積就等於 1000000（即 1 移了六位）。

在此有個重要的觀察是，10 的次方數的相乘，本質上是**加法**。也就是說，把兩個 10 的次方數相乘，只需把移位的次數相加：$10^m \times 10^n = 10^{m+n}$。

不光是 10，這當然也適用於其他的數。不管哪個數 a，都會是

$$a^m \times a^n = a^{m+n}$$

因為這正是重複相乘的意義。附帶一提，我們寫出像 2^5 的數時，被重複乘的 2 這個數稱為**底**（base），而 5 稱為**指數**（exponent）。我們會說這個數是「2 的五次方」。

這個模式實在簡單又漂亮，結果就擴展到把負數指數及分數指數也包含進來。意思就是，我們可以埋解像是 $2^{-3/8}$ 這種數的意義，只要它能讓 $2^{m+n} = 2^m \times 2^n$ 這個模式保持有效，不論我們賦予它什麼意義。把概念和模式擴展到新的疆域，正是數學上經常出現的主題。數學模式就像晶體一樣；它們會保持形狀，又可以從原有的範圍往外生長。我們把正弦及餘弦延伸到任意角度，是其中一個例子；射影空間的擴張是另一個例子。現在我們準備對重複相乘做同樣的事。

我們先來看 2 的次方數。寫下頭幾個之後，可看出簡單的模式：

$$2^1 = 2, \ 2^2 = 4, \ 2^3 = 8, \ 2^4 = 16, \ldots$$

指數每增加 1，這個數就變兩倍。這當然再明顯不過了。

但也意味著，每當指數減 1，這個數就會減半。由此我們就能擴充 2^n 的意義。首先，這暗示了 2^0 應該要等於 1！但有趣的是，2^n 原先的意義，即「n 個 2 相乘」，就說不通了。我們的意思真的是，沒半個 2 相乘在一起會等於 1？我猜，如果我們想這樣說，是可以這麼說，但我們真正的意思是，我們把 2^n 的意義由「n 個 2 相乘」，轉變成「為了讓這個漂亮模式繼續保持下去而不惜定出的任何東西」。若說數學上所有的意義都是這樣產生的，也不為過。

照這模式繼續下去，我們發現

$$2^{-1} = \frac{1}{2}, \ 2^{-2} = \frac{1}{4}, \ 2^{-3} = \frac{1}{8}, \ 2^{-4} = \frac{1}{16}, \ \cdots$$

以此類推。通常我們會讓 a^{-n} 代表 $1/a^n$。因此，$3^{-2} = \frac{1}{9}$，而 $\left(\frac{2}{3}\right)^{-3} = \frac{27}{8}$。（特別是，$a^{-1}$ 是 $1/a$ 的一種有趣寫法。）

證明 $a^{m-n} = a^m/a^n$ 對所有的 m、n 都成立。

證明 $d(x^m) = mx^{m-1}\, dx$ 對所有的 m 都成立，
不管 m 是正數、負數還是 0。

我們再進一步。有沒有什麼好辦法，讓我們可以為 $2^{1/2}$ 賦予意義？如果這個模式能夠在無人涉足的領域繼續維持下去，就會告訴我們

$$2^{1/2} \times 2^{1/2} = 2^1 = 2$$

這意味著，不管 $2^{1/2}$ 是什麼數，把它自乘之後都會得到 2。因此，它一定是 $\sqrt{2}$。同樣的，$10^{1/2} = \sqrt{10}$，一般情形則是 $a^{1/2} = \sqrt{a}$。

實際上，在此我們必須謹慎一點，因為 $\sqrt{a}$ 有點模稜兩可。a 如果是正數，就會有兩個平方根。我們希望 $a^{1/2}$ 指哪一個呢？再說，a 如果是負數，就更麻煩了。我們還沒有替負數的平方根賦予任何意義，那要怎麼處理像 $(-2)^{1/2}$ 這樣的數？

有個簡單的解圍之道，就是限制底只能是正數。也就是說，只有在 a 是正數時，才為 $a^{1/2}$ 指定意義。另一個可能的辦法，是擴充我們的數系，把像 $\sqrt{-2}$ 這樣的新數也包括進來。這確實做得到——你也該這麼做！但很可惜，這仍然沒有幫我們解決模稜兩可的問題。我們依舊要替 $a^{1/2}$ 定出意義（如果我們希望它有意義的話），定為 a 的其中一個平方根。要哪一個呢？嗯，a 是正數時，通常會選正的平方根。因此 $4^{1/2} = 2$，不是 -2。這當然有些武斷，但至少讓我們有個一貫的模式。

我們就暫且同意底永遠是正數，而且每當我們需要做選擇，都會選正的值。所以我們會說，$a^{1/2}$ 只有在 a 是正數的時候才有意義，它的意義就是：a 的（獨一無二的）正平方根。

當然你可能會覺得這整件事令人反感，而不想做出任何選擇；你可能看不出這種寫法有任何優點。我個人倒是很喜歡，因為它展現了模式的持續性。我覺得這正是模式的目的——想從束縛中獲得解放。那我們就繼續吧。

我們該怎麼定義像 $a^{3/4}$ 這樣的數？不管它是什麼數，它的

四次方（也就是自乘四次）應該是 a^3。你知道為什麼嗎？這表示 $a^{3/4}$ 一定是 a 三次方的四次方根，即 $\sqrt[4]{a^3}$。一般的模式現在很清楚了：$a^{m/n}$ 一定是 a^m 的 n 次方根（當然，我們規定它是正的根）。

證明：對於任何一個分數 m/n，我們都必須
讓 $a^{m/n} = \sqrt[n]{a^m}$。這和 $(\sqrt[n]{a})^m$ 一樣嗎？

這就是這個模式促成的結果。身為數學家，我們往往會接受這樣的事，因為漂亮又簡單的模式比什麼都重要，甚至比我們自己的意願和直覺還重要。此外，並不是我們事先推知自己想給 $2^{-3/8}$ 什麼意義。重點在於，如果我們將它的意義定為「2的三次方的八次方根的倒數」，這個模式就能延續下去。

證明：$(a^m)^n = a^{mn}$ 對任意整數 m 和 n 都成立。
如果 m 和 n 是分數，這仍然適用嗎？

證明：$d(x^m) = mx^{m-1}\,dx$ 對所有的分數 m 都成立。

好了，我們現在知道 b 是有理數時，a^b 代表什麼意義。但如果指數是無理數怎麼辦？我們也能講得出像 $2^{\sqrt{2}}$ 或 10^π 這些數的意義嗎？

我們就仿照數學家常用的做法：假設我們可以做到，然後看看會發生什麼結果。（這種哲學方法由來已久。古希臘人稱它為分析〔analysis〕，和綜合〔synthesis〕不同，後者是指從

基本原理建構出知識。）無論如何，假設我們以某種方式為 a^b 定出了意義，指數 b 可以是隨便哪種數。當然，我們堅決要求這個模式保持原封不動（不然有何意義？把 2^π 定義成 37 不就好了？）。所以，我們假設 a^b 不但有意義，還會繼續遵循這個模式：

$$a^b \times a^c = a^{b+c}$$

尤其，不管 $3^{\sqrt{2}}$ 和 3^π 是什麼樣的數（如果真要說的話，它們肯定會是超越數），我們都堅決要求 $3^{\sqrt{2}+\pi}$ 是兩數的乘積。（並不是我們有能力堅持任何事；我們只是希望有此可能。）

接著就要用到納皮爾提出的概念了。假設我們有某個數，比方說 32768。這個數顯然介於 10^4 與 10^5 之間。納皮爾領悟到，4 和 5 之間一定有某個數 p，而使得 $32768 = 10^p$。換句話說，每個數都可化為 10 的次方數。由於 10 的次方數很容易相乘，這也就表示所有的數都很容易相乘。當然，困難在於要找出一個數是 10 的幾次方。所以，現在有兩個問題。第一個問題是，每個數是不是真的都是 10 的次方數？第二個問題是，我們要如何算出這樣的指數？這真的是很嚴重的問題。

另一方面，就實務來說，我們只需要近似值。這麼一來，隱晦的數學問題就消失了。我們不用知道 a^b 在 b 為無理數的情形下是否有意義，因為每個數都約略等於某個分數。舉例來說，如果我想把 37 這個數概略表示成 10 的次方數，我只要找個分數 m/n 能使得 $10^{m/n} \approx 37$。換句話說，10^m 大約等於 37^n。

我們來看幾個與 10 的次方數相當接近的 37 的次方數：

$$37^2 = 1369 \approx 10^3$$
$$37^7 = 94931877133 \approx 10^{11}$$

所以，3/2 = 1.5 只是馬馬虎虎的估計值，而 11/7 ≈ 1.57 會是相當好的估計值。重點在於，若是為了航海或其他類似的例行事務，我們並不需要替指數找到精確值。如果我們很在意，大可做出非常精確的估計值，像是 1.56820。要為我們希望使用的每個數字算出這樣的近似值，當然需要大量的工作，但就像三角函數表的情形，工作只需做一次。這正是納皮爾著手進行的事。

對於每個數 N，我們想找到（至少是大致找到）一個數 p，能使得 $N = 10^p$。納皮爾把 p 稱為 N 的**對數**（logarithm，源自希臘文的 logos + arithmos，意思是「估計的方法」）。以 37 為例，它的對數值約為 1.5682。我們用 $L(N)$ 來代表 N 的對數值，那麼納皮爾對數表的一小部分看起來大概就像這樣：

N	$L(N)$
35	1.5441
36	1.5563
37	1.5682
38	1.5798
39	1.5911

重點來了。假設我們想把兩個數相乘起來，好比說前面用過的 32768 和 48597。按理說，這是個步驟多又討厭的運算過

程。但利用納皮爾「令人敬佩」的對數表，我們可以把這兩個數（概略）改寫成 10 的次方數：

$$32768 \approx 10^{4.5154}$$

$$48597 \approx 10^{4.6866}$$

又因為相乘不過就是把指數相加，所以得到

$$32768 \times 48597 \approx 10^{9.2020}$$

查一下（應該說是反查）對數表，我們發現對數值最接近 9.2020 的數是 1592208727。這應該非常接近實際的乘積。實際上，$32768 \times 48597 = 1592426496$，所以我們的估計值準確到百萬位；換句話說，我們的誤差大約是萬分之一。但重要的是，我們只需做三次查表和一次加法，節省下大量的時間。

如果想把三個以上的數相乘，該怎麼做？

心存懷疑的讀者也許會覺得，表上的數字不可能大到 1592208727，不可能有這樣的表存在，這種讀者是對的——的確沒有。實際應用上，我們只需要用到數字從 1 到 10 的對數表，其餘的都可以靠移位而得。譬如我想找 $L(32768)$，實際上我只要查到 $L(3.2768) = 0.5154$ 就好了，然後把它加 4。這是因為，與 10 相乘的效果就是在指數部分加 1；也就是在對數值加 1。要找 9.2020 的「反對數」（真數），情況類似，我會在對數欄找到 0.2020，發現它對到的數字是 1.5922（假設我所用的對

數表準確到小數點後第四位,這是非常標準的)。接著我會把它乘上 10^9,得到 1592200000,這和先前的結果幾乎同樣準確。

由於高速電子計算機的出現,在實際用途上,現在當然已經不再使用對數來做算術運算了。事實上,如今幾乎所有的運算都是機器完成的(正如萊布尼茲本人所預見的)。我之所以要介紹對數,重點不在運算上的實用性──現在只是個歷史注腳;我主要是想藉著對數,說明一個特別奇特的例子,這個例子讓我們看到數學上出人意料的連結:雙曲線下方所圍的面積(dx/x 的積分)居然與指數(對數)的行為有關。用來讓計算速度加快的方法,竟和古典幾何上的圓錐曲線量度問題,有這麼密切的關連,真是太不可思議了!這個連結就是,在這兩個情形中,乘法都能以某種方式轉換成加法。

要怎麼運用對數,把兩個數相除?
如果要取一個數的平方根,又該怎麼做?

29

從近代的角度看,納皮爾的對數可以視為兩種明顯不同的代數結構之間的同構。一方面,我們有乘法作用下的正數體系,另一方面,又有加法作用下所有的數(正數及負數)組成

的體系。納皮爾的對數替這兩種世界之間提供了「字典」：

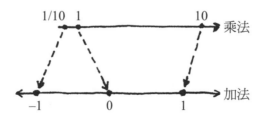

在這個對應關係中，一個正數 w 會送到它的對數值 $L(w)$。譬如一百萬（10^6）這個數，就會轉成以 10 為底的指數，也就是 6。1 這個數，會對應到 0；1 在乘法下沒有作用（對所有的數 w，$1 \times w = w$），而 0 則在加法下沒有作用（$0 + w = w$）。同樣的，除法（即乘法的相反）對應到減法（即加法的相反）。重點是，這兩個系統在結構上是相等的，讓我們明白這件事的正是對數。說得更確切些，對任意正數 a 和 b，都可得到

$$L(ab) = L(a) + L(b)$$

因此，納皮爾的對數就像雙曲線面積一樣，可把乘積轉換成和。當然，納皮爾的發現重點就在於：加法很快，乘法很慢。但現在我們了解到，它們其實是一樣的。

意思就是，如果真有對數值這種東西的話。要用 10 的分數次方數粗略逼近一個數，是一回事；要證明這可以做得極精確，則是另一回事。π 真的是 10 的某次方嗎？如果是，那個指數是哪種數？換個問法就是，我們怎麼知道 π（甚至 2）真的有

對數值？你了解我的意思嗎？

　　另一個問題是「十」。納皮爾的對數是以這個不甚有趣的數為根底，對一個為十進制文明而設計的運算體系來說，這還算可以，但身為數學家，我們應當尋找本質上更美、更自然的東西。說穿了，也就是與單位無關這件事。為指數選一個底，其實就像選一個度量單位──本質上，我們是從一個數字有多少位數，來度量它的大小。所以這是相當武斷的，而在我看來，武斷與醜陋同義。

　　但另一方面，換個底會更好嗎？如果當初設計了以 2 為底的對數，會怎麼樣？這會給每個數指定一個指數，好讓它可以寫成 2 的次方數。這種對數也會把乘法轉換成加法，一切運作如常。我們可以製作出二進位的對數表，而且毫無困難。因此是不是以 10 為底，完全不重要。如果你只是想讓乘法轉換成加法，以哪個數為底都好。（順帶一提，習慣上我們會用 $\log_a x$ 這種記法，來代表某數 x 以 a 為底的對數。尤其是，納皮爾對數 $L(x)$ 通常寫成 $\log_{10} x$；其他例如 $\log_2 8 = 3$，$\log_5 \frac{1}{25} = -2$。）

　　要表達這些概念，最簡單（也最抽象）的方法就是，把任何可將乘法轉換成加法的過程稱為一種對數。也就是說，不論哪個（連續）函數，只要所有的正數 x 和 y 都會滿足

$$\log(xy) = \log(x) + \log(y)$$

就有資格叫做對數（我在這裡採用了通用的符號 log）。因此從這個抽象意義來說，納皮爾的函數 L、二進位對數 $\log_2$，以及

雙曲線面積函數 A，全都是對數。

針對任何一個這樣的函數 log，我們把逆向過程稱為 exp
（「取指數」英文字 exponentiation 的簡寫）。那麼，

$$\log(\exp(x)) = \exp(\log(x)) = x$$

因為這正是逆向的意義。如果你決定採用以 10 為底的納皮爾
對數，那麼 exp 就是取 10 為底的指數，即 $\exp(x) = 10^x$。一般
情形下，指數函數 exp 承接了這個性質：

$$\exp(x + y) = \exp(x) \times \exp(y)$$

為什麼 exp 一定會如此？

證明：對於任何一種對數，
$\log(1) = 0$ 且 $\log(1/x) = -\log(x)$。

接下來這個概念，我覺得非常美妙。從對數的性質，可推
得

$$\log(x^m) = m \log x，對 m = 1, 2, 3, \ldots$$

你知道為什麼嗎？在這個方程式的兩邊取指數，會得到
$x^m = \exp(m \log x)$。這對於任何一個正整數 m，都是成立的。但
實際上，不管 m 是有理數或無理數，等號右邊都有意義。所
以，對數的存在，讓我們能夠定義任意正數 a 的任意 b 次方所
指的意思：

$$a^b = \exp(b \log a)$$

你希望 a^b 具備的一切性質，都會直接得自 log 與 exp 的性質。

證明：根據這個定義，可推知
$$a^{b+c} = a^b \cdot a^c，(ab)^c = a^c \cdot b^c，且 (a^b)^c = a^{bc}。$$

好，不管考慮的是哪種對數（我喜歡把 log 與 exp 放在一起考慮），我們總之得到了 a^b 的定義。幸好，我們稍後就會發現，它的值並不會受到我們採用哪種對數所影響。

現在我們得小心循環推論的陷阱。你可以回想一下，納皮爾對數的問題在於，我們不太清楚 10^x 的意義（至少在 x 為無理數時）。既然現在 a^b 有了挺不錯的定義，對數的問題看樣子是解決了，但麻煩的是，a^b 的這個定義本身，需要借助一個有明確定義的對數，所以我們不能就這麼反過來，用它來定義對數。表面上看，這情況很糟：我們看來是需要以取指數的定義，來定義對數，再反過來用對數定義指數。

但別急——我們的雙曲線面積函數是對數呀！而且很幸運，它不必動用到取指數的概念；這個函數值就是倒數曲線下方所包圍出的面積。這表示，我們可以拿 dx/x 的積分當作基礎，建立出整個指數與對數的理論。

計畫是這樣的：我們準備一勞永逸，把一個正數 x 的**自然對數**定義成 $A(x)$，也就是倒數曲線下方從 1 到 x 的面積。由於

數學家不管任何時候只會使用這種對數（我們馬上就會知道原因了），我們就把 log x 這個記法特別賞賜給它。（事實上，這種習慣用法因人而異。科學家、工程師和計算機製造商，比較喜歡用 log 這個符號代表納皮爾的十進位對數；其他的人，主要是電腦科學家，則喜歡用 log 代表二進位的對數。於是，就給了自然對數一個難以下嚥的名字：ln。）

既然對數有了明確的定義，我們照樣要把**自然指數**，定義成相應的指數函數，也把它直接寫成 exp。比方說 exp(3)，就是指滿足 $A(w) = 3$ 的這個數 w。然後，我們就可以把 a^b 定義為 exp(b log a)，而且不會產生循環推論。因此，2^π 這個數現在可以看成，圍出的面積相當於 1 至 2 所圍面積的 π 倍的那個數。

這一連串的概念初看之下雖然古怪，但重要的是，我們獲得了取指數的精確定義，而且這個定義符合我們所期望的一切性質。

尤其是，我們既然清楚知道 a^b 代表的意義，就不難定出某個數 x 以 a 為底的對數：

$$\log_a x = \frac{\log x}{\log a}$$

你能不能推導出這個美妙的對數公式？

以納皮爾對數為例，我們會發現，一個數的納皮爾對數，就等於該數的自然對數除以某個常數，即 log 10 ≈ 2.3。因此，納皮爾的對數（應該說是任何一種對數）正是自然對數的常數

倍。換句話說，所有的對數函數都互成比例。這也是為什麼你只需要一種對數——大家基本上都是相同的。

只不過，它們不一樣。自然對數比其他對數還要好，原因是：它的微分最簡單。事實上，從自然對數的定義本身，就可知道

$$d(\log x) = \frac{dx}{x}$$

而既然其他的對數是 $\log x$ 的常數倍，這表示其他對數的微分會是 dx/x 的某個倍數。例如，納皮爾對數的微分就是

$$d(\log_{10} x) = \frac{1}{\log 10} \frac{dx}{x}$$

但誰想看到像 $1/\log 10$ 這樣的難看常數卡在式子裡面？如果所有的對數幾乎是一樣的，為什麼不採用微分最好看的那一個？

另一個思考方式，是比較一下不同對數函數的圖形。

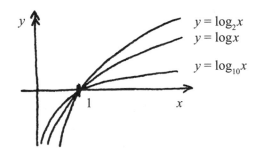

因為是互成比例的，所以這三條曲線的行為非常接近（特別是，對數的增長是出了名的緩慢）。但請注意在 $x = 1$ 這點的

切線，從幾乎水平到差不多垂直，各有不同。自然對數的切線傾斜度，剛好介於兩個極端的中間，與兩軸成漂亮的 45 度角。

所以，自然對數是最簡單的，因此成了數學家唯一會採用的對數。自然對數也不負其名，因為它是從我們嘗試度量圓錐曲線的結果中自然出現的，而不是特意選那個數為底。不過，這又帶出了一個有趣的問題：自然對數的底，是什麼數？

由於對數的底就是讓對數值等於 1 的那個數，所以我們相當於是在問，我們要沿著倒數曲線走多遠，才能恰好圍出一單位的面積。

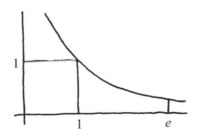

這個數通常以字母 e（指數的英文 exponential 的第一個字母）來代表，它擊敗其他的數，榮登最具美感的底數。那它是什麼數呢？結果發現，$e \approx 2.71828$，我想如果你知道它是個超越數，應該也不會太驚訝。（事實上，自然出現的數學常數當中，e 是第一個獲得證明的超越數，做出證明的是法國數學家厄米，在 1873 年。）

這也意味，我們又得擴充所用的語言，就像先前處理三角函數及 π 一樣，要把 log、exp 和 e 也包含進來。每次遇見有趣

的數，結果都無法用既有語彙來表達，未免太奇怪了吧？像 e、π 這些數，或許就是因為實在太漂亮了，非分數或代數方程式這般平凡無奇之物所能言傳。比方說，要是 e 是有理數，該用哪個數當分子和分母才夠好？無論如何，我們別無選擇，只能給它們定個名稱，然後編進我們的詞彙中。（特別是，習慣上已經把 log 和 exp 納入初等函數的範疇了。）

我們先回顧一下，想一想事情經過。我們是從一個問題開始的：dx/x 的積分是什麼？這個問題解決了嗎？就某種意義來說，我們像是在作弊——我們只是把它命名為 $\log x$。（圓周長對直徑之比，也是同樣的情形，我們直接把這個比命名為 π，然後就一走了之。）這算哪門子的「解」啊？數學家只是一群專門命名和縮寫的傢伙？

當然不是。文字和符號無關緊要，真正重要的是模式，以及我們對於模式的見解。（正如高斯打趣的名言，我們需要的是想法，不是記法。）我們雖然沒能把 dx/x 的積分用代數函數表示出來（現在知道這是不可能的），但是我們確實發現，無論這個積分是什麼函數（也只好稱它為 $\log x$），都會符合 $\log(ab) = \log(a) + \log(b)$ 這個意想不到的漂亮性質。如果名字和縮寫對理解模式有幫助，就是有價值的，否則只是礙事罷了。只有在必要時才該命名，而且我們命名的方式，要能讓那些闖進想像世界的模式，以更清楚的樣貌呈現出來。

說到這裡，我還想介紹一個模式。我們已經看到，自然對數因為有最漂亮的微分，因而從其他的對數脫穎而出。自然指

數難道沒有類似的性質嗎？指數 a^x 的微分是什麼？

我們從自然指數 $\exp(x)$ 開始看（如果你願意，也可以把它寫成 e^x）。最簡單的進行方法，就是給它一個名字，好比 y。於是 $y = \exp(x)$，所以 $x = \log y$，取微分之後，可得 $dx = dy/y$。這表示 $dy = y\,dx$，換句話說，

$$d \exp(x) = \exp(x)\,dx$$

如果你願意，也可以把它寫成

$$d(e^x) = e^x\,dx$$

多麼美妙的發現！自然指數的性質竟然是：導數就是它自己。這個性質的幾何意義是，$y = e^x$ 的圖形在某一點的傾斜度（斜率），永遠會等於該點的高度。

請證明：在一般情形下，對任何一個底 a，
都可得 $d(a^x) = a^x \log a\,dx$。

因此，自然指數脫穎而出，成了導數就是它自己、而不是自己的某個常數倍的唯一指數函數。

和其他的指數函數比較起來，$y = e^x$ 的圖形
在 $x = 0$ 這點的切線，有何特別之處？

最後，為了替我們前面討論的微分法再潤飾幾筆，我們可以把 $d(x^m)$ 的公式推展到任意指數 m：

$$d(x^m) = d(\exp(m \log x))$$
$$= \exp(m \log x) \, d(m \log x)$$
$$= x^m \times m \, dx/x$$
$$= m \, x^{m-1} \, dx$$

特別是，這就表示，對於所有的數 m，都是

$$\int x^m \, dx = \frac{x^{m+1}}{m+1}$$

但 $m = -1$ 除外，因為這會讓等號右邊變成沒有意義。而在 $m = -1$ 的情況下，儘管看起來古怪，模式被打斷，居然還冒出了自然對數。

證明：對任何兩個變數 x 和 y，
$d(x^y) = yx^{y-1} \, dx + x^y \log x \, dy$。

證明：n 遞增到無限大時，
$(1 + 1/n)^n$ 會趨近於 e。

你能不能求出 $\int \log x \, dx$？

30

數學實在的世界多麼原始、令人讚嘆呀！它的神祕與美，永無止境。我有太多東西想與你分享——還有許許多多有趣、

驚奇（而且駭人）的發現。不過，我覺得也差不多該停筆了。
（或許你早就這麼想了吧！）

我們只是淺嚐即止。數學是一片不斷擴展的廣袤叢林，量
度只是許多叢林河流中的一條（但絕對是很重要的一條）。然
而我的目標並不是要面面俱到，只求發揮解釋的作用（也希望
帶來一些樂趣）。我想我真正想做到的，是讓你體會我們數學
家所做的事，以及為什麼要做這些事。

我特別想要傳達一個想法：數學是最典型的人類活動——
無論我們的大腦是多麼奇特的演化生化產物，有一件事是肯定
的：我們喜愛模式。數學是語言、模式、好奇心與樂趣的交會
之地。數學給了我一輩子的免費娛樂。

我覺得在停筆之前，我應該處理一個小問題：現實世界。
我們為什麼不是談實體世界？不談幾何與分析學在物理、工
程、建築問題上的那些偉大應用？天體運動又怎麼說？既然我
如此蔑視腦袋所處的這個世界，怎麼還能聲稱自己寫了一本關
於量度（measurement，本書英文原著書名）的書呢？

好吧，首先要說，我就是我，我寫的是自己感興趣的東
西，也就是數學實在的本質。誰管得著呢？其次，談實體世界
的書並不缺，而且到處都看得到，寫得好的也很多。我覺得有
必要寫一本關於數學的書，因為坦白說，這樣的書實在不多。
如此坦誠、帶有個人觀點的，並不多見。除此之外，我也不想
談數學在科學上的應用（反正這已是有目共睹），因為我認為
數學的價值不在於實用性，而是它所帶來的樂趣。

　　我的意思並不是說，真實世界很平淡無趣。別誤解了，我可是很樂在其中。這裡有鳥，有樹，有愛，有巧克力。我對實體世界沒有什麼怨言，只不過是更喜愛抽象世界裡的模式。也許最根本的問題就是，對於真實世界我沒什麼可說的。也許部分原因是，大部分時間我根本就不在這裡。也許這本書的重點，就是要讓你感受一下數學生活的樣貌——讓大部分的思緒在想像世界裡遊走。無論如何，我知道自己的本性就與現實永久隔絕——我的腦袋是孤獨的，只接收（可能是虛幻的）感官輸入——但數學實在就是我自己。

　　它也把我帶到你的面前。我們一直在談的這個數學實在（感覺它確實就「存在」於某個地方），我不希望你覺得不敢涉入，彷彿它設在某個政府禁地，由一群穿著實驗衣的專家把持。數學實在不是「他們的」，而是屬於你的。不管你喜不喜歡，你的腦袋裡就是有個想像世界。你可以決定置之不理，或是對它提問，但就是不能否認它是你的一部分。這正是數學如此令人信服的原因之一：你是在發現與自己有關的一切，以及你個人心智構念的行為模式。

　　就請繼續探險吧！經驗多寡，都不要緊。不論你是專家還是生手，感受都是相同的。就像是在叢林裡四處走動，沿著一條接一條河流順流而下。這趟旅程沒有終點，唯一的目標就是探索和享受樂趣。盡情享受吧！

譯名對照

Centroid 形心

Chaining 連鎖反應

Chord 弦

Circle 圓

circumference of 圓周（長）

Circular reasoning 循環推論

Classification 分類

Coefficient 係數

Collinear 共線

Complexity 複雜度

Cone

double 對頂圓錐

infinite 無窮圓錐

generalized 廣義圓錐

Conic section 圓錐曲線（圓錐截痕）

degenerate 退化

Conics《圓錐曲線》

Conjecture 猜想

Constant speed 定速

Coordinate geometry 坐標幾何（學）

Coordinate system 坐標系（統）

circular 圓坐標系

Cosine 餘弦

Cosine wave 餘弦波

Counterexample 反例

Critical point 臨界點

Cross-section 截面

Cube 立方體

Curvature 曲率

Curve 曲線

Curved 彎曲的

Cusp 尖點

Cycloid 擺線

Cylinder 圓柱

generalized 廣義圓柱

Dandelin, Germinal Pierre 丹德林

Dandelin spheres 丹德林球

Degree two equation 二次方程式

Derivative 導數

Descartes, Rene 笛卡兒

Description 描述

Diagonal 對角線

Diameter 直徑

Diamond 菱形

Difference of squares formula 平方差公式

Differential 微分

Differential equation 微分方程（式）

Dilation 伸縮

Dimension 維度

Discrete variable 離散變數

Disk 圓盤

Incommensurable 不可公度

Infinite sum 無窮級數和

Infinitesimal change 無窮小變化量

Initial condition 初始條件

Initial position 初始位置

Integral 積分

Integral sign 積分符號

Integral tables 積分表

Integration 積分法

Interdependence 彼此相依

Intersection 相交

Intrinsic 內稟

Invariant 不變量

Irrational 無理數

Isometry 保距映射

Isomorphism 同構

Kinematics 運動學

La Geometrie《幾何學》

Lambert, Johann Heinrich 蘭伯特

Language 語言

Later 稍後

Law of cosines 餘弦定理

Law of sines 正弦定理

Leg (of a right triangle)（直角三角形的）股

Leibniz, Gottfried Wilhelm 萊布尼茲

Leibniz d-operator 萊布尼茲微分算子

Leibniz's rule 萊布尼茲法則

Lindemann, Ferdinand 林德曼

Line at infinity 無窮遠線

Line of symmetry 對稱線

Linear 線性

Logarithm

　base a 以 a 為底的對數

　binary 二進位對數

　Napier's 納皮爾對數

　natural 自然對數

Logarithm table 對數表

Long radius 長半徑（半長軸）

Mathematical reality 數學實在

Maxima and minima 最大（極大）值與最小（極小）值

Measurement 量度（量測值）

Mechanical curve 力學曲線

Mechanical relativity 力學相對性

Method of exhaustion 窮盡法

Metric 度量

Mixing board 混音器

Model 模型

Modernism 現代主義

Moment 瞬間

Position vector 位置向量

Projection 射影、投影

　central 中心投影

Projection point 投影中心

Projective geometry 射影幾何

Projective line 射影直線

Projective plane 射影平面

Projective space 射影空間

Proof 證明

Proportion 比例

Pyramid 角錐（金字塔）

Pythagoras 畢達哥拉斯

Pythagorean theorem 畢氏定理

　generalized 廣義（畢氏定理）

　infinitesimal 無窮小（畢氏定理）

Quadratic equation 二次方程式

Radius 半徑

Rate 速率、變（化）率

Rate-time 速率－時間

Reciprocal 倒數

Rectangle 矩形，長方形

Reduction strategy 化約策略

Reference point 參考點

Reflection 鏡射

Relativity 相對性

Representation 表徵，表述，表示法

Research 研究

Rhombus 菱形

Ring 環

Rocks 石子

Rolling 滾動

Rotation 旋轉

Running total 累計加總

Scaffolding 鷹架

Scaling 縮放

Scaling independence 與縮放無關

Scaling invariance 縮放不變性

Scanning 掃描

Semicircle 半圓

Semiperimeter 半（圓）周長

Shadow 影子（投影）

Shift 移位

Short radius 短半徑（半短軸）

Similar 相似

Sine 正弦

Sine wave 正弦波

Sinusoidal arch 正弦拱形

Slantedness 傾斜度

Slider 滑件

Solid 立體

Space 空間

　four-dimensional 四維空間

Space-time 時空

Speed 速率

Sphere 球

Spherical cap 球冠

Spiral 螺線

Spirograph 花輪線

Spread 離散度

Square 正方形

Square root 平方根

Star 恆星

Stopwatch 碼錶

Straight line 直線

Straightness 直線性

Structure-preserving transformation
　保結構變換

Surface 面、曲面

Symmetry 對稱（性）

Synthesis 綜合

Tangent 切線

　at infinity 無窮遠切線

Tangent property 切線性質

Tetrahedron 四面體

Theorem 定理

Time 時間

Time line 時間線

Toric section 環面截線

Torus 環面

Transcendental 超越（數）

Triangle

　angle sum of 三角形內角和

　equilateral 等邊三角形

　isosceles 等腰三角形

　right 直角三角形

Trigonometry 三角學

Un-d 反微分

Unit 單位

Unit circle 單位圓

Unit hyperbola 單位雙曲線

Unit independence 與單位無關

Unit square 單位正方形

Unit vector 單位向量

Unknown 未知數

Vanishing point 消失點

Variable 變數

Vector 向量

　radial 徑向向量

Velocity

　approximate 近似速度

　instantaneous 瞬時速度

Volume 體積

Z shape Z 字形

國家圖書館出版品預行編目資料

這才是數學：從不知道到想知道的探索之旅
／保羅‧拉克哈特（Paul Lockhart）著；
畢馨云譯. -- 初版. -- 臺北市：經濟新
潮社出版：家庭傳媒城邦分公司發行，
2015.03
　面；　公分. --（自由學習；5）
譯自：Measurement
ISBN 978-986-6031-66-3（平裝）

1. 數學教育

310.3　　　　　　　　　　104002613